日本 ご当地 おやつ大全

おやつ」の世界へ！

地元スーパーなどの定番商品であり、地元民が愛してやまないソウルフードでもある「ご当地おやつ」。古いものでは誕生から100年以上、親子三世代にわたって親しまれている地元の味も少なくない。手作り感のあるやさしい味わいや、パッケージデザインの素朴さなどは、地元民でなくともどこか懐かしさを感じずにはいられない。さらに、その土地ならではの特産品を使ったものや、独特な形、個性的な味なども、ご当地おやつの大きな魅力の一つだ。

地域のスーパーや小売店などでいつでも手軽に購入できるものが多いが、中には地元の限られた店、限られた時期にしか味わえないレアなものも。そんな多種多様なご当地おやつに共通しているのは、やはり「おいしい」ということ。だからこそ、大手メーカーやスーパー・コンビニのPB商品の攻勢にも負けず、長年地元で愛されているのだろう。

本書では、ビスケットやクッキーにせんべい、あめやチョコをはじめ、ジャンルには括れないような個性派、おやつタイムに欠かせないジュースなどのドリンク類、さらには家でおばあちゃんが手作りしてくれたような郷土菓子まで、全国津々浦々のご当地おやつをバリエーション

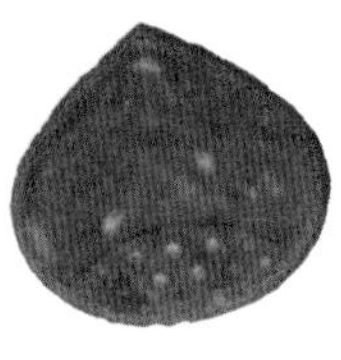

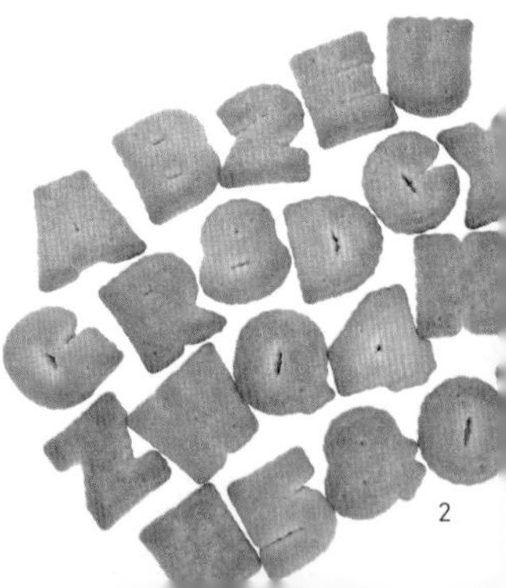

ようこそ「ご当地

豊かに収録した。
それぞれの味や特徴についてはもちろんのこと、誕生エピソード、創業時や発売当初の懐かしい風景、パッケージの移り変わり、味へのこだわりにも注目。普段なにげなく口にするおやつに隠されたおいしさの秘密や、その歴史を振り返ることにより、さらに「ご当地おやつ」の魅力に迫った。こうした作り手側の背景や歴史の重みを知ると、いつものおやつがより一層おいしく、より愛おしい味に感じられることだろう。
今や通販やオンラインショップなどで購入できるご当地商品は少なくない。だがその一方で、地元ではスター級のおやつであっても、それ以外の地域ではほぼ無名に近い存在という場合も少なからずある。
まだ見ぬご当地おやつを巡る旅のお供に、また「ご当地おやつカタログ」として眺めるだけでも楽しめる一冊として本書を手にしていただきたい。どのページを開いても、そこにはユニークでオリジナリティあふれる、そしてとびきりおいしそうな「おやつ」がずらりと並んでいる。この国の豊かなおやつ文化をとくとご堪能あれ。
ようこそ「ご当地おやつ」の世界へ！

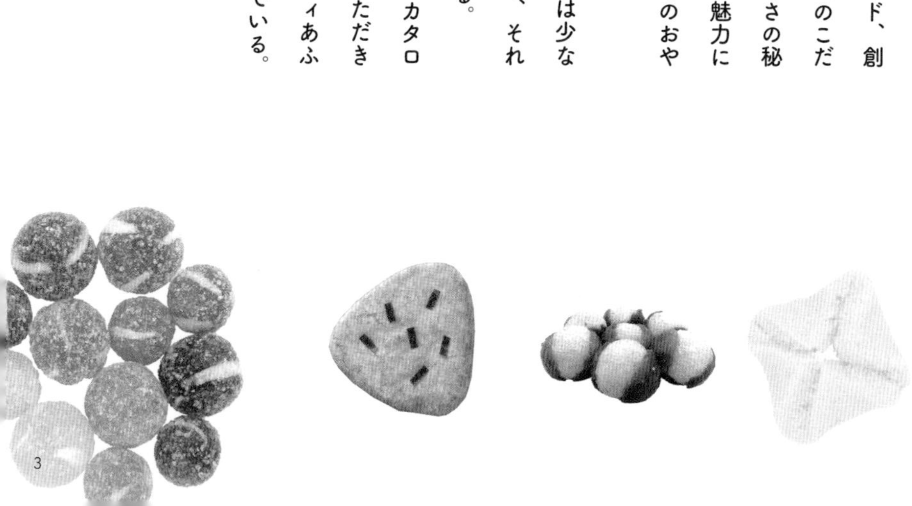

もくじ

ご当地おやつのデザインギャラリー

ミニ特集

コラム

昔も今も大人気！
ご当地おやつと懐かし風景

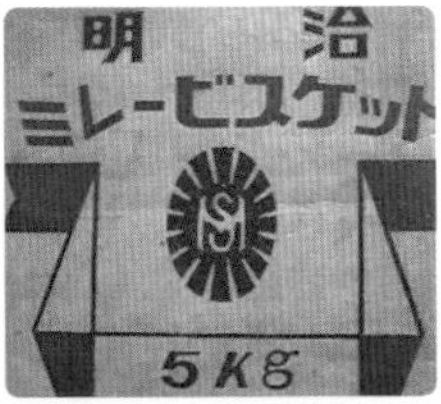

地元でおなじみの味として、昔も今も、みんなが大好きなご当地おやつの数々。長年愛され続ける魅力と、時代を超えて地域に根ざしてきた、長い歴史の一端を紹介しよう。

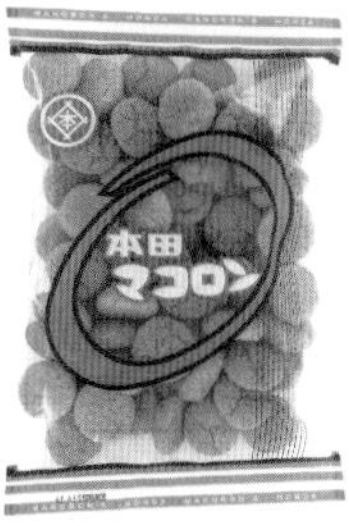

昭和30年代から変わらぬ味
ほどよい塩味と独特の香ばしさ！

ミレービスケット　高知
野村煎豆加工店

実物大

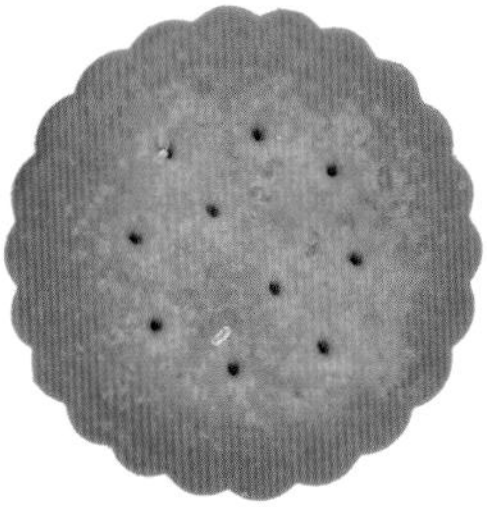

(右）昭和50年代から60年代にかけて展開された「チューリップデザイン」を踏襲したパッケージ。(左）平成に入った頃に『まじめミレービスケット』が登場。

まじめミレービスケット

ミレービスケット
ファミリーパック

発売当時と変わらない製法！

完全自動化せず、人の手で揚げ、人の手で味付けする変わらぬ製法。多少の味ムラが魅力。

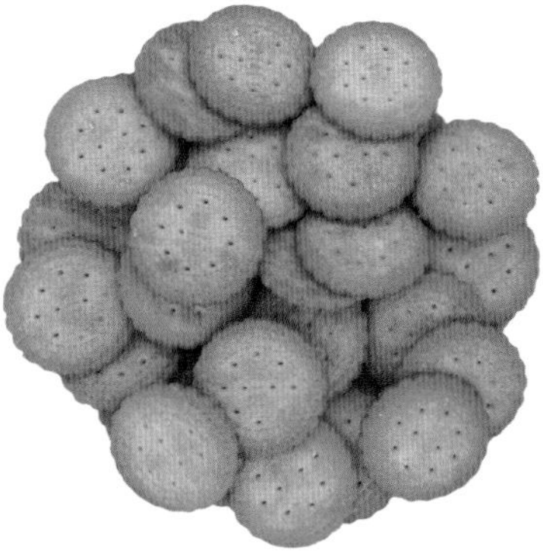

ひと口サイズで手軽に食べられる、どこか懐かしい味わいの『ミレービスケット』。その秘伝の生地は、戦後間もない頃に明治製菓（現・明治）が開発し、1955（昭和30）年頃に発売された。

当時は全国で20数社がミレー製造会社として、その生地を油で揚げ塩で味付けする「二次加工」を行い販売していたが、現在は全国で数件のみとなった。野村煎豆加工店もその当時からミレーを製造・販売する1社である。発売当初はバラ売りで1枚50銭（2枚で1円）だったという。

パッケージデザインは80歳を迎える専務が考案しているため、全体的にレトロなイメージだ。

明治が生んだ昭和の味を
大正創業の会社が作り続ける

昭和27～28年頃

野村煎豆加工店が、豆菓子や甘納豆の製造会社として創業したのは1923(大正12)年のこと。木造の社屋が味わい深い。

1955(昭和30)年頃の『ミレービスケット』の段ボール。生地の製造は、現在は名古屋の三ツ矢製菓(P91)が引き継いでいる。

4連ミレービスケット

枕くらい大きな袋で出すなら いっそ枕のデザインにしよう!

ミレーの枕

ミニサイズの4連と並び人気なのが、特大サイズの『ミレーの枕』。「枕にできるくらい大きな袋にしたい」というコンセプトで、2008(平成20)年4月に登場。「いっそ袋も枕のデザインにしてしまえ!」という商品企画担当の専務のひと声で、まるで枕のようなデザインに。

カリカリの食感と甘みがクセになる
昔ながらの定番あられ

鶯ボール 兵庫

植垣米菓

白い部分は餅で、外側の茶褐色の部分は小麦粉。もち米、小麦粉、砂糖、食用油、食塩と、シンプルな原材料ならではの素朴な味わい。

実物大

\ 時代に合わせてパッケージも
たびたびリニューアル /

発売当時から厳選したもち米を使用。「ポンとはじけるあまから風味」のキャッチと、梅の花に鶯がデザインされた旧パッケージ。

もち米を使い、油で揚げたカリント風味のかわいらしい米菓。1930（昭和5）年発売のロングセラーで、植垣米菓の人気ナンバーワン商品である。

発売当時は戦時中ということもあり、弾けた形から「肉弾ボール」「爆弾ボール」と呼ばれていた。それが終戦後、梅のつぼみの形にも似ていることから、春の訪れをつげる「梅にうぐいす」の発想で『鶯ボール』という今の商品名に変更。コロコロっとした独特の、梅のつぼみのような形状は、油で揚げる過程で自然にできる形だという。

関西の人にとっては、「♪あられ〜、うえがき鶯ボール」のCMソングでもおなじみだ。

戦後の復興期、整然と並んで写真に納まる凛々しい姿に歴史を感じる

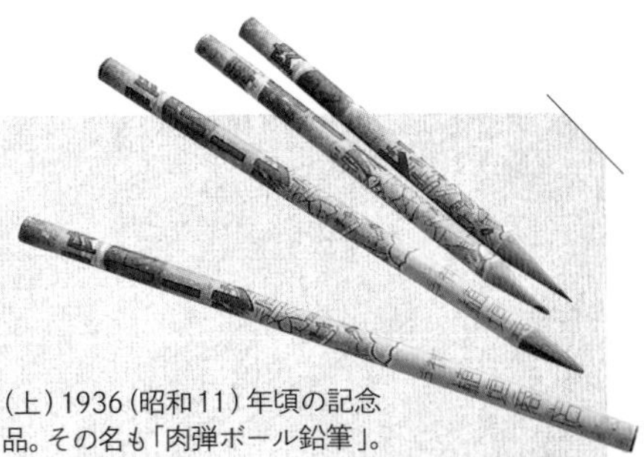

(上) 1936 (昭和11) 年頃の記念品。その名も「肉弾ボール鉛筆」。

昭和10年

1907 (明治40) 年、文明開化で西洋化が進む神戸で誕生した植垣米菓。創業以来、「本物の材料を使いまごころで焼く」をモットーに、六甲山系の良質な天然水と素材にこだわり続ける。(右) P10よりもさらに古いパッケージ。ロゴデザインにも変化があり、138円との表記も。

懐かしテレビ CM

昭和40年代と思われるテレビ CM。「ホケキョ」と爽やかな鶯の鳴き声で締め、「はじけるおいしさ」などのコピーとともに商品名が耳に残る。

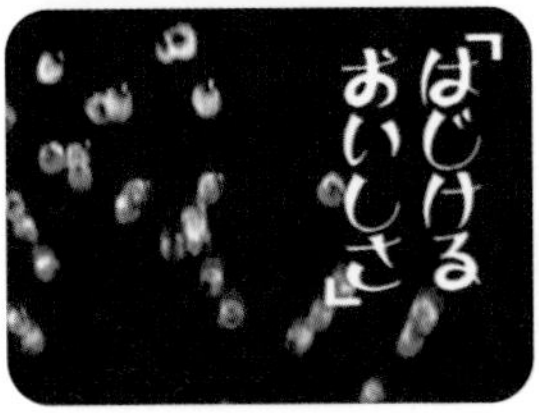

こちらもロングセラー

六甲花吹雪

エビ・ごま・青のり風味のソフトな小粒あられにピーナッツと黒豆をミックスした、主力商品の一つ。花吹雪を思わせる華やかさ。

あんのほんのりした甘さと ビスケットの塩味が絶妙

しるこサンド　愛知

松永製菓

秘伝のあんとビスケットとのバランスが絶妙！ この組み合わせが、飽きのこない秘訣。親子三代で愛され続けてきたロングセラーだ。

昭和41年～

昭和62年～

（左）発売当初のパッケージ。個包装されていない袋詰めで、このほか一斗缶での販売も行っていた。（右）個包装タイプ発売時。

北海道産あずきを使用したあんに、隠し味としてリンゴジャムとはちみつを加え、ビスケット生地で挟んで焼き上げた三層構造。長さが50ｍもあるオーブンで、約5分かけてじっくり焼き上げる。1966（昭和41）年の発売以来、変わらない味。発売当初は人気歌手が出演するテレビCMも放送され、多くの人に認知された。

『しるこサンド』を満載して愛知県内を走り回ったオリジナルのトラック

発売当初に走っていたトラック

昭和13年頃

昭和41年頃

発売当初、松永製菓のお膝元である愛知県を中心に走っていた、『しるこサンド』のトラック。右上は創業当時、下は『しるこサンド』発売当時の工場の様子。設備は変わっても味は守り続けられている。

ふんわり香るやさしい味は
赤ちゃんの粉ミルクが原点

おしどりミルクケーキ　山形

日本製乳

1980年代

発売当初はプレーンしかなかったが、現在は味の種類も豊富。いちご味、ヨーグルト味、山形名産のラ・フランス味やサクランボ味なども登場。

おしどりの名に思いを込めて

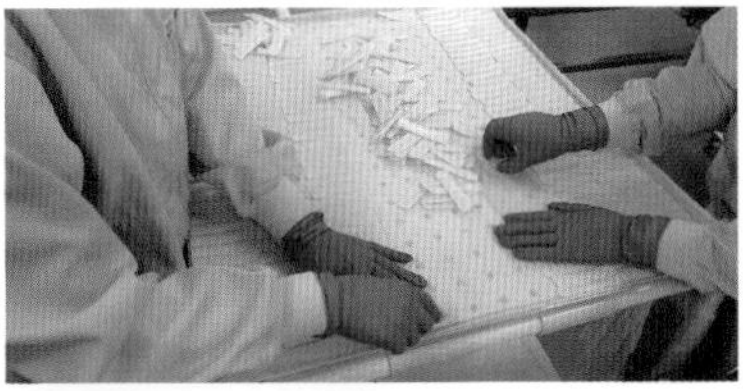

おしどりの名前には、生産者と販売者がおしどりのように仲良く力を合わせ食文化を作るとの願いが込められている。

牛乳の風味がふんわり香るやさしいおいしさ。発売は1945（昭和20）年。粉ミルクメーカーとして製品を製造する過程で「砕いて食べておいしい」ことに気がつき、研究の末に商品化。「平たく固めた物」の意味もある「ケーキ」を商品名に採用した。当初は地元限定での販売だったが、山形名産のお土産として全国に知られるようになった。

創設者・梅津勇太郎氏の開拓精神を受け継いで100余年の歴史を誇る

『おしどりコナミルク』販売当時

創業当初の工場風景

牧場経営を経て製酪事業を始めたのが、日本製乳の創設者・梅津勇太郎氏。乾燥ミルク、乾乳糖の製造に着手し、1919（大正8）年に国産初の粉ミルク『おしどりコナミルク』を開発した。また、当時はバターも製造していた。

北九州発のフレンチ!?
洋風焼き菓子のロングセラー

フレンチパピロ 福岡
七尾製菓

1957（昭和32）年、せんべいの製造・販売からスタートした七尾製菓の看板商品の一つ。

創業当時の看板

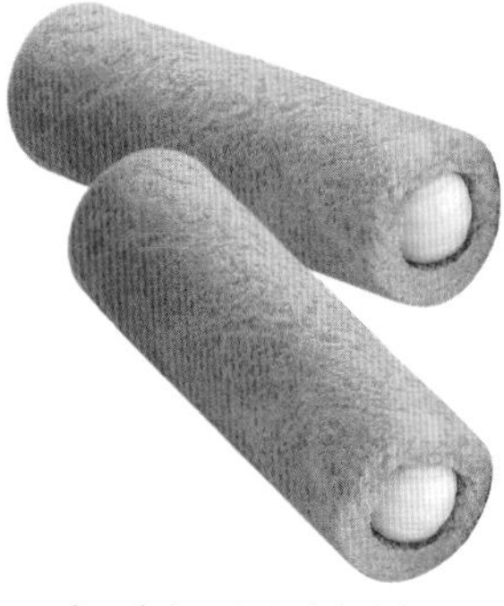

食べ応えのあるサクサクした生地と、乳アレルギーの人でも食べられる、ほどよい甘さのクリームが特徴。

ロール状に巻いた薄焼きせんべいの中に、ふんわりとしたクリームがたっぷり入った焼き菓子。1962（昭和37）年、生活スタイルや嗜好が洋風化していく高度経済成長期に、洋風のお菓子として開発された。フランスのオシャレなイメージや響きなどから『フレンチパピロ』と命名。当時、カタカナを使った商品名は珍しく画期的だった。

いち早くテレビCMに力を入れ認知度アップに大成功！

昭和30年代後半

（上）テレビCMの効果もあり、『フレンチパピロ』は大ヒットした。洋風菓子が高価で贅沢品だった時代に、手頃な価格の「近代的な欧風銘菓」として子どもたちにも大人気。（左）工場に遊びに来た子どもの手にも『フレンチパピロ』が。

倉敷発の小粋な“シガー”
全国ブランドとして拡散中

シガーフライ　岡山

梶谷食品

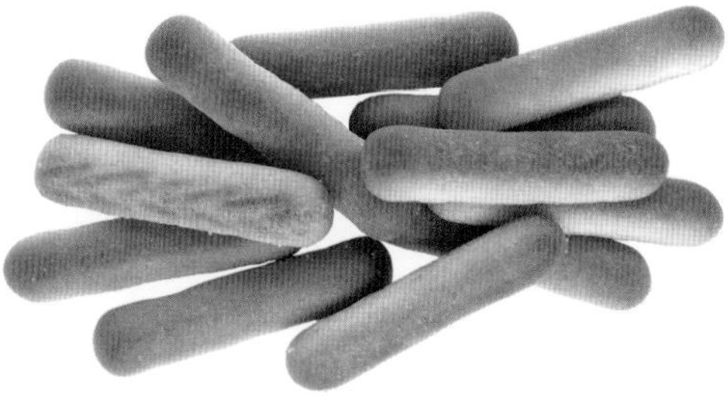

小麦粉本来の香ばしさと塩味、こんがりした焼き加減もたまらない岡山のソウルフード。

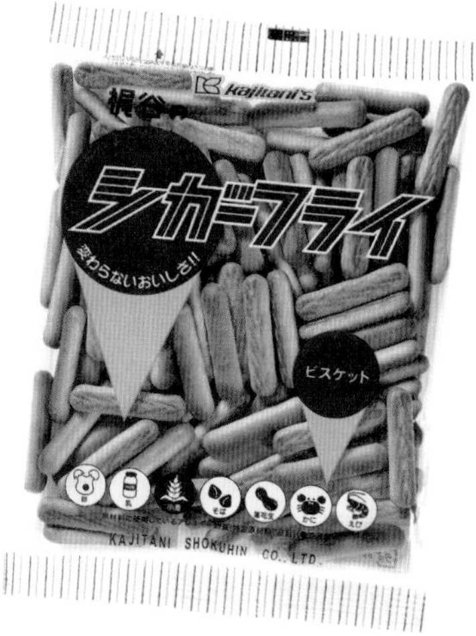

～平成20年頃

アレルギー表示がまだなかった頃の旧パッケージ。「変わらないおいしさ!!」の表記は今も変わらない。

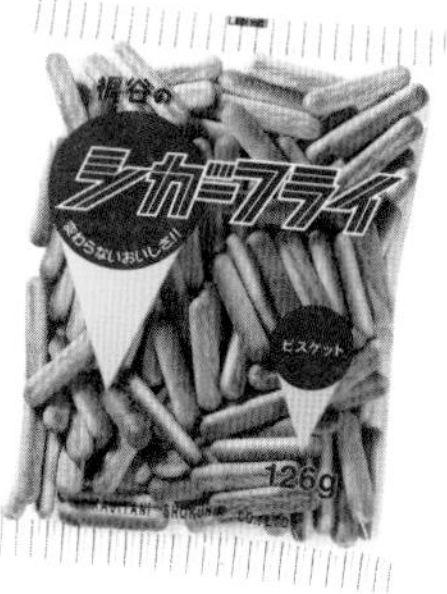

岡山県を中心に、中国・四国地方では知らぬ人のいないお菓子。「食べだしたらやめられない」のキャッチコピーでもおなじみで、誕生は1953（昭和28）年頃とされる。「シガー」は「葉巻」の意味で、当時、葉巻はハイカラで粋なイメージがあったことからこの名が付けられた。倉敷発の全国ブランドとして、日本中に広まりつつある。

70年以上の間、変わらぬ香ばしさで中国・四国地方の人々に愛される味

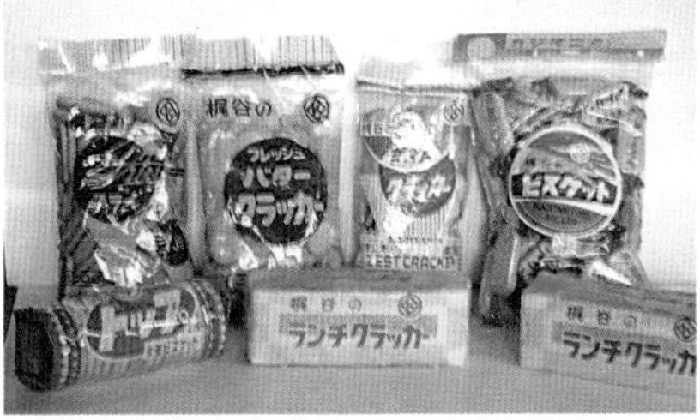

小麦粉や砂糖などの材料をこねてのばし、型抜きしたものを長いオーブンを使って高温で焼き上げる。この製造法は、基本的に発売当初と同じ。

学校給食用のクラッカーも！

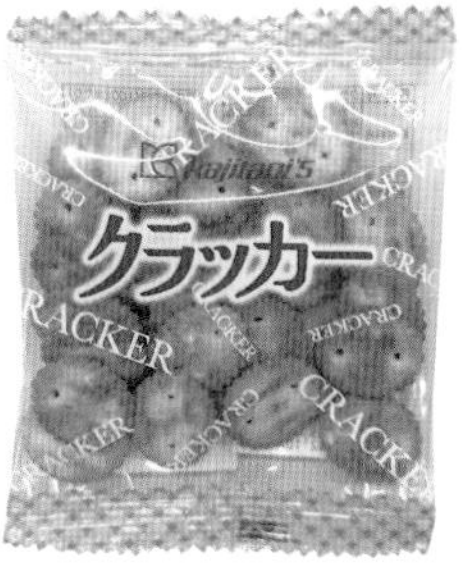

学校給食用に20g入りの丸い形状をしたクラッカーも製造。地元の子どもたちに大人気！

国産の完熟果実にこだわる
信濃を代表するフルーツ菓子

みすゞ飴 長野

みすゞ飴本舗飯島商店

昭和30年代

缶箱のパッケージ。昭和30～33年頃は、サンフランシスコにも輸出をしていた記録が残っている。

あんず、うめ、もも、ぶどう、さんぽうかん、りんごの6種類。明治時代から変わらず、原料の仕込みから飴の仕上がりまで現在も職人による手作り。

実物大

長野県の伝統的な乾燥ゼリー菓子『みすゞ飴』。明治時代末期、水飴と寒天で作る伝統菓子「翁飴」に、果物を練り込んだ新種として誕生した。着色料や香料は一切使わず、原料には一番おいしく香り高くなったタイミングで収穫した、国産の完熟果実を使用するこだわり。その食感は、まるで濃厚なジャムのような風味だ。表面はそのまま食べられるオブラートでコーティングされ、乾燥による濃縮で保存性も高い。フルーツ王国である信州を代表するにふさわしいお菓子として、万葉集の二首にある、信濃の国の枕詞「みすゞかる」から『みすゞ飴』と命名された。長野のほか、関東、関西の百貨店にも置かれている。

100年の歴史を感じさせる 歴代パッケージと広告デザイン

初期の卸先は地元エリアが中心。戦中戦後は工場閉鎖を余儀なくされたり、再開のめどが立っても物資が乏しく、甘いものは贅沢品という時代であり経営も困難を極めたという。戦中戦後の動乱を経て高度経済成長期を迎え、現在に至っている。

大正～昭和初期

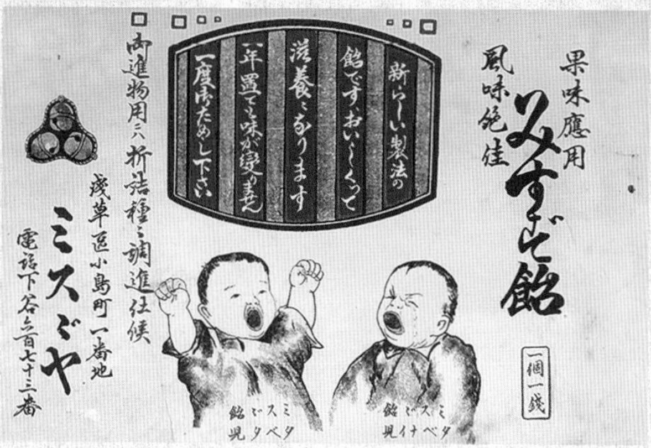

大正～昭和初期

戦前のパッケージ

長野県内の個人商店の壁などに貼られていた、ホーロー看板。右読みであることから大正～昭和初期のものと思われる。

現在

昭和40年代

昭和30年頃

口いっぱいに広がる 甘酸っぱく爽やかな風味

ボンタンアメ 鹿児島

セイカ食品

実物大

大きなアメのシートを厚さ約15mmの板状にのばし、サイコロ状に切断してオブラートに包む。1日約80万粒が製造される。

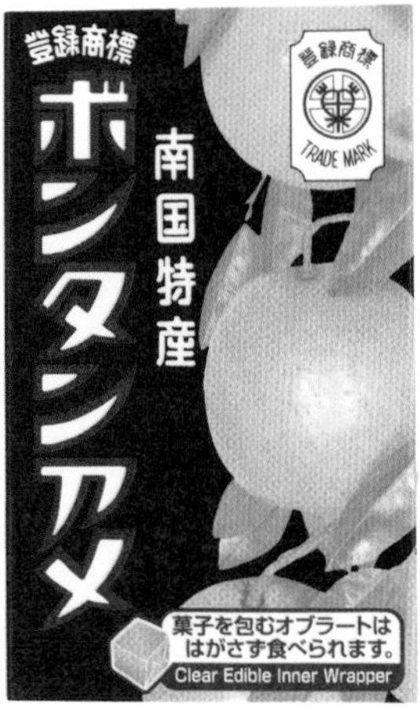

こちらもロングセラー

兵六餅

薩摩地方に伝わる「大石兵六夢物語」にちなんだ創作菓子。白あん・きな粉・のり粉・抹茶の織り成す風味が絶妙。1931（昭和6）年発売。

一度見たら忘れない印象的なデザイン！

発売当時

（上）化粧箱の図案に関しては「大阪の専門家に依頼」との記録のみ。その絵やロゴが今日まで引き継がれている。（左）発売当初からほぼ同じデザイン。

鹿児島県のセイカ食品が1925（大正14）年から製造・販売している南国特産の味『ボンタンアメ』。オブラートで包まれたアメは、もちもちとやわらかく、弾力のある独特の食感で、甘酸っぱく爽やかな風味が口いっぱいに広がる。水飴、砂糖、麦芽糖、もち米が主原料。南九州の特産果実である阿久根産の文旦から抽出したエキスや、いちき串木野周辺の文旦果汁、九州産うんしゅうみかん果汁などの香り高い風味が活かされている。九州では親子三代で親しまれているお菓子であり、お腹の持ちがよいため、グミやソフトキャンディー感覚で通学途中のおやつとして女子中高生からの人気も高い。

暑さで溶けないため、戦時中は大日本帝国海軍から艦船用として採用されたという歴史ももつ。戦後からはキオスクにも並ぶようになり、全国区へ。今ではコンビニでもおなじみだ。100年の長きにわたり愛され続ける、オンリーワンの味。

日本のお菓子史に燦然と輝く、南国特産品の歴史

昭和31年（新聞広告）

大正～昭和初期

青いホーロー看板の下部には「ポケット用 大十銭 小五銭」の文字が。発売初期のものと思われる。

昭和12年（新聞広告）

「南国のあぢ」と書かれたメモ帳。図柄のように飛行機からアメをまく計画もあった。

昭和30年頃

昭和30 ～ 35年頃

昭和30年頃

昭和45年頃

（左）地方局の番組『親子童謡合戦』は、ボンタンアメの一社提供で放送。（上）発売当時はチンドン屋さんを従えて全国を練り歩く宣伝も行ったが、昭和40年代にはテレビCMも。

「一粒の飴にも真心をこめて」北海道産の昆布たっぷり！

こんぶ飴 岐阜

浪速製菓

実物大

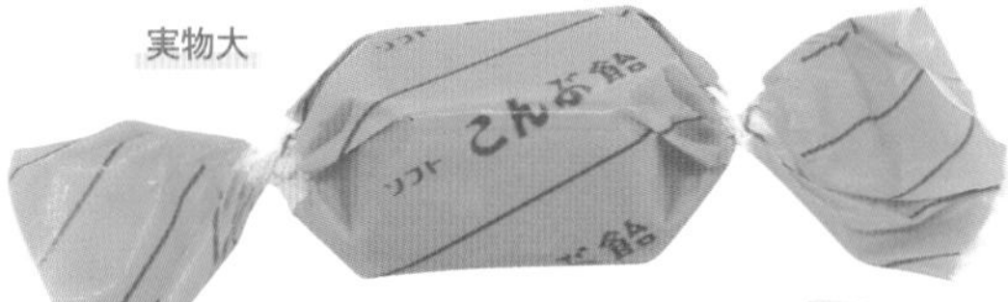

「ヘルシーで栄養価も高い昆布をもっと手軽に食べられたら」と、創業者が考案。『ソフトこんぶ飴』の発売は、1960（昭和35）年から。

古くて新しい味！昆布風味のキャンディー

昭和52年

箱入り、缶入り、贈答用など幅広く展開。昆布がもつ特徴をそのままに、お菓子として食べやすく提供する。整腸作用、肥満防止、高血圧予防効果もあるそう。関西は当時から昆布が多く流通していた。

ほのかに磯の香りが漂い、餅のようにやわらかい食感が特徴の『こんぶ飴』。北海道産の天然昆布を水飴などでじっくり練り込んだ、風味豊かなソフト飴だ。鉄やマグネシウムなどがホウレンソウの約3倍含まれている昆布をたっぷりと使い、食物繊維やミネラルも豊富。添加物は一切使用せず、素材にこだわった自然食品でもある。1927（昭和2）年、大阪で創業した浪速製菓は、戦時中の食糧統制による工場閉鎖を経て岐阜市にて製造再開。「一粒の飴にも真心をこめて」をモットーに、定番のソフトタイプのほか、最初に開発されたかためのタイプやジャム入りなど、豊富な種類の『こんぶ飴』を展開する。

懐かしテレビCM

あ、さて、
あ、さて、
さてさてさて…
♪お餅のようで
お餅じゃない
飴といっても
やわらかい
それは何かと
たずねたら
…ン〜〜ン♡
浪速の
ソフト
こんぶ飴え〜♪

昭和50年代中頃～60年頃まで、東海地方で放送。南京玉すだれ調の陽気な音楽に乗せてこんぶが踊る。

かわいい孫にも食べさせたい 翁もおすすめの健康食品

昭和5年

こんぶ飴

発売当初は、昆布のお菓子を人々に知ってもらおうと、街頭や店頭で試食品を配っていたそう。翁の背に乗る孫の手にも『こんぶ飴』が。

ソフト
こんぶ飴
こんぶ飴
DHA

1980（昭和55）年～ 2000（平成12）年頃のパッケージ。こちらの昆布キャラは現在も大容量パックなどで健在。

北海道産の最高級昆布 2種をブレンドした秘伝の味

北海道の日高地方沿岸で採れる日高昆布と函館周辺で採れる真昆布が使われている。昆布は毎年7～9月の間、晴天の日の早朝に刈り取られ、その日のうちに浜辺で天日乾燥。蒸気釜に入れて水飴などと数時間煮詰め、飴状にしたものをコンベアー上で冷まし、小さくカットされる。

コクのあるまろやかな甘み
素朴で懐かしい秩父の地飴

秩父飴 埼玉
勅使河原製菓

沖縄産の黒糖を加えた「黒糖玉」、ハッカ油を加えた「茶玉」、はちみつが入った「蜂蜜糖」の3種。3つの味が楽しめるミックスなども。

地元も観光客もみんな大好き
昔ながらのこだわり手作り飴

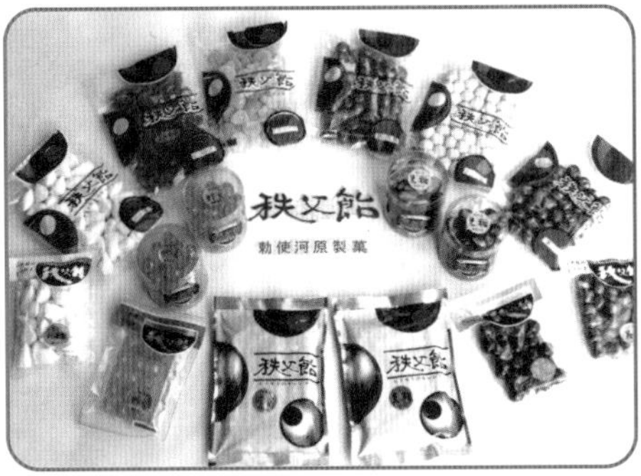

(上)納品時に詰めた箱に貼られていた、昭和の頃の箱のラベル。(左)昭和40～50年代と思われる商品ラインナップ。

厳選した原料と素材そのものの味にこだわる職人が、伝統の技術をもってじっくり丁寧に仕上げた『秩父飴』。直火焚き製法によるコクのあるまろやかな甘みは、素朴でどこか懐かしさも感じさせる。秩父の山あいに工場を構える勅使河原製菓は、１８６４（元治元）年に和菓子屋として創業。戦時中に「いも飴」を作り始め、昭和になってから『秩父飴』の名で販売を開始した。ほとんどの飴が添加物を使わず、控えめながら上品で飽きのこない、創業以来の味を守り続ける。秩父市内のスーパーや小売店を中心とした埼玉県北一帯で販売され、地元では常備するだけでなく、葬儀の引き物としても定番だ。

厳選素材の旨味を大切に 昔ながらの伝統製法

職人の手によってその製法が引き継がれてきた『秩父飴』。時代とともに製造する機械に変遷はあるが、その味は昔も今も変わらない。

昭和40年頃

工場と店舗外観。工場内の機械はその後新しいものに変わったが、建物自体はどちらも今も変わらず使われている。

平成初期

1965(昭和40)年に現工場を建ててから、平成初期まで使っていた設備。銅釜で煮詰めた原料をあける冷却板(上)と、当時作っていたフルーツ味の平たい飴を成形するもの(左)。

平成8年頃

銅釜と冷却板(左)が新しくなり、飴の成形は丸い飴を作る機械(上)のみとなった。左は30年、上は50年近く経った今も現役で稼働している。

平成6年頃

当時の店内。飴を主力とする勅使河原製菓ならでは、色とりどりの『秩父飴』がずらりと並ぶ。

菓子類もロングセラー

飴が中心となってからも、数種類の菓子類を製造販売し続ける。はったい粉(香煎)から作られる昔ながらの菓子『秩父こうせん棒』もその一つ。

オブラートの発明により誕生！ カラフルな寒天ゼリー

ミックスゼリー　愛知

鈴木製菓

実物大

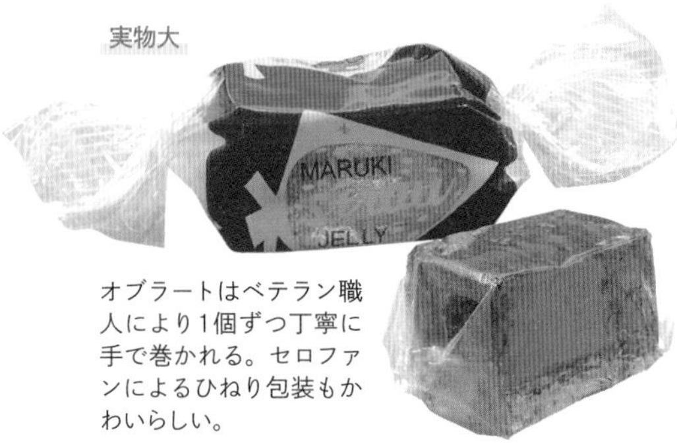

オブラートはベテラン職人により1個ずつ丁寧に手で巻かれる。セロファンによるひねり包装もかわいらしい。

ミックスゼリー

箱入りの『ミックスゼリー』（上）は、現在主に愛知県内で販売。色鮮やかなフルーツが描かれたデザインも当初のままで、地元では贈答用としても人気だ。袋入りパッケージもあり、愛知、岐阜、静岡と東京で販売されている。

＼ 透き通った彩りと独特の食感で大人気！ ／

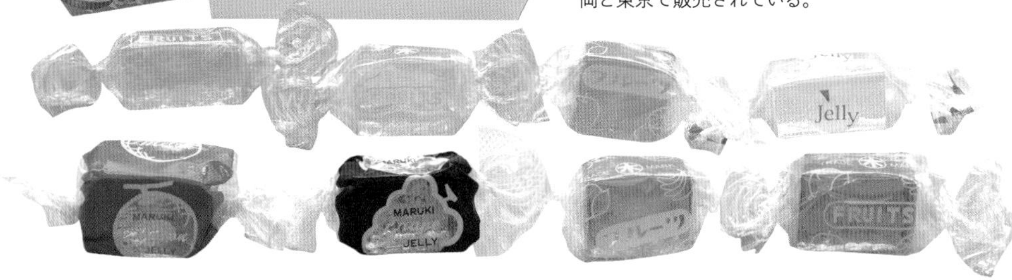

いちご、メロン、ぶどう、ピーチなど、透き通ったカラフルな彩りの四角い寒天ゼリー。1932（昭和7）年創業の鈴木製菓の『ミックスゼリー』は、食物繊維が豊富な岐阜県恵那市・山岡産の糸寒天を100%使用し、昔ながらの直火高温製法で作られる。水飴と砂糖を直火によって高温まで加熱し、時間をかけてしっかりと混ぜ合わせることで、なめらかさがアップ。一般的に売られている粉寒天とは違い、良質な糸寒天を使ったゼリーは、マイルドな口どけのよさと上品な味わいが特徴だ。フルーツの味を再現し、オブラートに包まれた『ミックスゼリー』は、昔から変わらない本物の味として人気が高い。

鈴木菊次郎氏

出典：田原町史

昭和初期

寒天ゼリー発明の祖・鈴木菊次郎氏 ゼリーを包む「オブラート」も発明！

鈴木菊次郎氏は、固形飴菓子「翁飴」から水飴を原料とした「ゼリー」を製造し、ゼリー同士のくっつき防止とやわらかさを保つために、でんぷんで作った「オブラート」を同時に発明した。この菊次郎氏の発明によって、オブラートに包まれた寒天ゼリーが1914（大正3）年に誕生した。

オブラートに包み乾燥させる様子

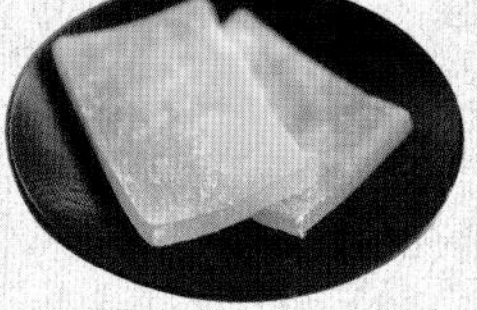

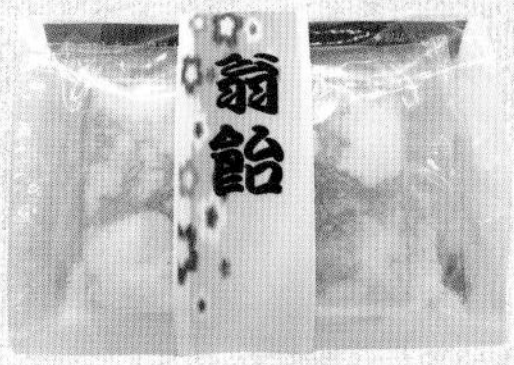

翁飴

メロンにいちご、オレンジ… フルーツ風味のゼリー

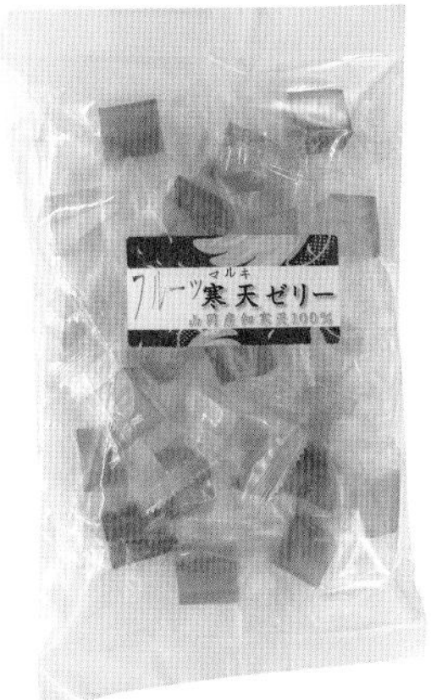

フルーツ寒天ゼリー

『フルーツ寒天ゼリー』は2008（平成20）年登場。よりカラフルな見た目の鮮やかさと、香料を使ったフルーツの風味が特徴。

緑のヘタでいちごを模した冬季限定品の『イチゴゼリー』

セロファンひねり包装でイチゴを表現した冬季限定品の『イチゴゼリー』。夏季には渥美半島名産の『メロンゼリー』を販売。1932（昭和７）年、寒天ゼリー発明の祖・菊次郎氏から事業を受け継いだ鈴木製菓が、伝統の味と製法を守り続けている。

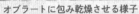

オブラートに包まれた飴
瀬戸内観光のお供にも!

別子飴 愛媛

別子飴本舗

職人の手によって引きのばされた飴は、一粒ごとに細かくカットされる。飴は時間をかけて引きのばすほど、乳白色の光沢を増すという。

オブラートに包まれたミルク風味の『別子飴』は、日本三大銅山の一つ、別子銅山の名前を冠した伊予路の銘菓だ。懐かしく素朴な味わいの飴は、昔ながらの銅釜で水飴を炊き上げる創業以来の製法で作られる。愛媛特産のみかん、いちご、ココア、抹茶、ピーナッツの5種類の味があり、包み紙の色でそれぞれの味を表現。

昭和30年代の紙箱や包装紙など。どれもが別子銅山の歴史を物語るデザインだ。左下には川柳募集時に当選者に贈られた商品引換券も。

明治元年から菓子を製造
昭和元年に『別子飴』が誕生

昭和20年代後半

「伊予名産別子飴」の文字が描かれ、大きなスピーカーが設置された宣伝カー。昭和20年代後半頃の写真と思われる。

極上の黒糖から作られる
那智の碁石を模した黒あめ

黒あめ那智黒 **和歌山**

那智黒総本舗

三重県熊野市の名産である碁石に使われる「那智黒石」をかたどった飴には、「なち」と「ぐろ」の文字が浮き出る。

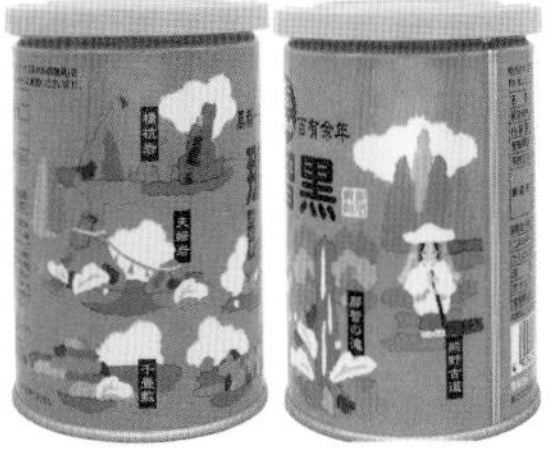

丸缶の飴は観光名所の個包装。基本は県内での販売だが、物産展などで取り扱われることも。

のどや体にもやさしい「黒あめ」として知られる『黒あめ那智黒』。奄美群島の厳選された黒砂糖を贅沢に使った「黒あめ」は、コクのあるやさしい甘さと素朴な風味が特徴だ。1877（明治10）年創業の那智黒総本舗は、伝統を受け継ぐ独自の製法にこだわった「黒あめ造り」を百有余年にわたり行っており、昔ながらの味を守り続けている。

お土産用の旧缶のパッケージとインパクト大のテレビCM

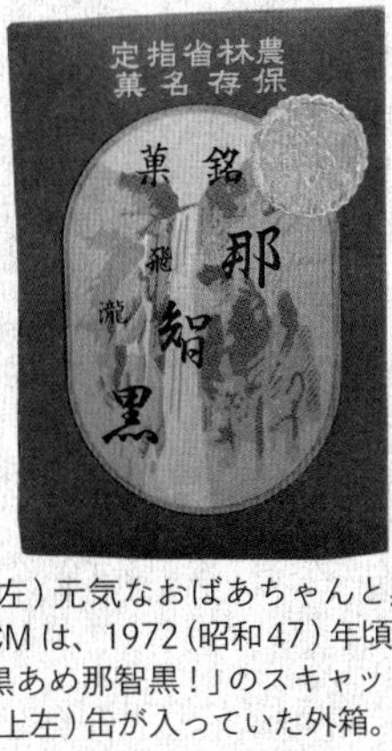

〜平成24年頃

（左）元気なおばあちゃんと黒人男性がゴーゴーを踊るCMは、1972（昭和47）年頃から約10年間放送。「OH！黒あめ那智黒！」のスキャットは、松鶴家千とせが担当。（上左）缶が入っていた外箱。（上右）丸缶の旧デザイン。

さつま芋の甘さと風味
鹿児島発の素朴な飴

からいも飴　鹿児島

冨士屋あめ本舗

1886（明治19）年の創業以来、140年近くにわたって変わらぬ製法で人々に愛される一粒。

昭和50年頃

平成3年頃

鹿児島の郷土菓子として知られる素朴な味わいの『からいも飴』。「からいも」とは、さつま芋のこと。鹿児島産のさつま芋だけを使い、麦芽製法にて直火釜でじっくり炊き上げた飴だ。最初はキャンディーのようにかたいが、舐めているとやわらかくなる。熱いお茶と一緒に食べると口どけもよく、さつま芋の甘さと風味が口いっぱいに広がる。

イメージにぴったりの健康的なモデルさんも登場。消化がよい『からいも飴』は、無添加の健康的な食品としても人気だ。

こちらもロングセラー

ミガーミル

広島で販売されていた『ビガー』というミルク飴を再現。ミルクとビガーとを掛けてこの名に。九州産の牛乳を使用したソフトなミルク飴。

ホッとする香川の温かいおやつ
地元ファンは夏場も愛飲中！

しるこ／あめゆ　香川

山清

お湯を注ぎ付属のスプーンでかき混ぜるだけでできる温かいおやつ。独自製法の顆粒乾燥あんを使った口当たりなめらかな『しるこ』は、香ばしいあられがたっぷり。生姜を効かせた甘さ控えめの『あめゆ』とともに、香川県綾川町をメインに販売している。地元では、お中元やお歳暮などの贈答用だけでなく、家庭用にもケース買いがスタンダード。

お湯を注いでかき混ぜているうちにトロミがついて、ほんのり甘い香りが漂う。膨らんだあられは花が咲くように浮き上がり、餅のような食感に。

昭和60年

昭和31年〜

昭和60年〜

品質本位で正々堂々と競争に打ち勝っていこうとの願いが込められた、山清の金時あんマーク。

独自の製法！『金時あん』

1972（昭和47）年に山清研究室が開発した、流動層乾燥機で製造される顆粒状乾燥あん。おいしいこしあんが簡単にできる。

三角のおにぎり型
これぞ日本のおせんべい！

実物大

おにぎりせんべい　三重
マスヤ

期間限定商品も続々！
人気は「梅しそ」と「和風カレー」

オニオンコンソメを皮切りに、わさび、すだち、まつたけ風味など数量限定商品を発売する中、好評だったフレーバーは翌年も販売。歴代で特に人気だったのが、上の2つだ。

発売以来、せんべいのサイズは縦横約6cmだったが、食べやすくなったひと回り小さいサイズも登場。4連吊り下げタイプなどではさらに小さいプチサイズも展開。

せんべいといえば、丸か四角が定番だった1969(昭和44)年、「三角のおせんべいがあってもいいじゃないか」ということで、三重県のマスヤが開発したのが『おにぎりせんべい』。ふっくらサクサクのお米の生地を、だしの旨味にこだわったしょうゆタレで味付け。香り高い焼き海苔をふりかけた。お米が原料で形が三角であるため、自然にこの名となった。パッケージにもこだわり、日本古来の伝統を活かし、華々しさを演出できる歌舞伎の緞帳と、画期的な三角形(正確には六角形)のパッケージで発売。「♪おにぎりせんべいえ〜い」のテレビCM効果もあり、西日本を中心に人気を博す。

半世紀以上の歴史を誇る マスヤの看板商品

初代

1970年代

1980年代

1990年代

2000年代

昔からおなじみ
個包装も！

2枚入り

発売当初は中身が見えるように袋の一部が透明だった。2枚入りのミニサイズは駄菓子屋などでも販売され、ちびっ子に大人気。1999（平成11）年には、発売30周年を記念してキャラクターの「おにぎり坊や」も誕生！

（左）創業当初の商品開発室と営業車。（右）発売当初、包装する様子と売場風景。所狭しと積み上げられたパッケージに人気がうかがえる。

欧風センスのオシャレな
パリパリ薄焼きせんべい

ロミーナ 兵庫

げんぶ堂

実物大

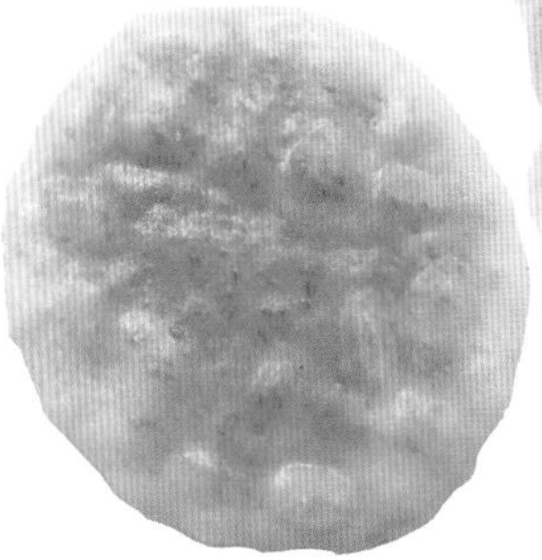

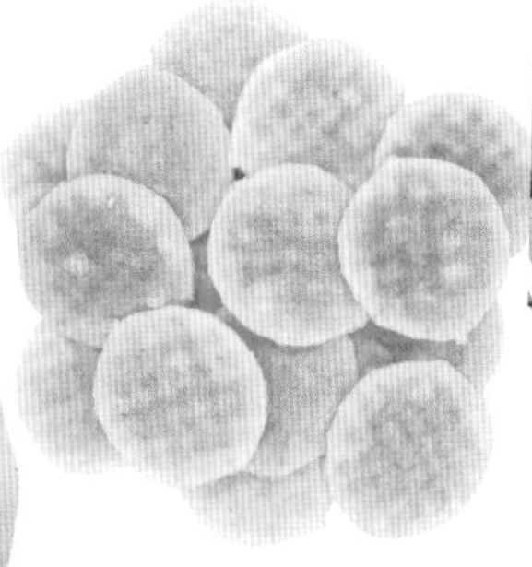

1968(昭和43)年に発売。商品名は社内の公募により、イタリアの女の子の名前『ロミーナ』に決定した。

＼ 昭和40年代から続く、げんぶ堂一番のロングセラー ／

真珠色のフィルムによる包装や透き通った包装、ポテトチップスのような包装など、パッケージにも歴史が。幾度となく、そっくりな類似品が流通したが「ほほえましい過去の思い出」とげんぶ堂は笑い飛ばす。

薄焼きだがしっかりとした歯ごたえがあり、なによりも原料であるうるち米の味がきちんとするのが特徴。塩味の中に隠し味としてマスタードや香辛料が使われていることも、あと引くおいしさの秘密だ。兵庫県豊岡市の玄武洞駅の近くで1951(昭和26)年に創業したげんぶ堂。近くに二見水源地があり、水に恵まれた場所を活かし、しぐれやあられ作りを始め、規模を拡大。『ロミーナ』で一世を風靡する。包装や大きさも変えつつ、焼き方も電気釜からガス釜に変更。しかし、発売当時からその味とパリパリ食感は変わることなく、半世紀を経た現在も鳥取県と島根県を中心に愛され続けている。

リニューアルを繰り返し
ずっと売れ続けるロミーナ

せんべいだが洋風の味付けでパッケージには「ヨーロピアンスナック」の文字が。サイズも大きくなったり小さくなったりした歴史がある。

懐かしテレビCM

スイス編

スイスの山々をバックに、ロミーナを食べる人々。ヨーロッパの雰囲気を前面に打ち出した。

エーゲ海編

「エーゲ海の太陽のように明るく、陽気な仲間たち」もみな、ロミーナが大好き。

1・2・3編

アニメでも製作。この懐かしいCMを振り返りつつ、40年後の2011年には新たなCMも製作された。

風土に恵まれた富山で誕生 米と水にこだわったおかき

ロングサラダ 富山

北越

昭和54年

実物大

1935（昭和10）年の創業以来、おかき・あられをつくり続けてきた北越の主力商品。販売エリアは北陸を中心に本州・四国。北陸3県で7割を占めるが、九州でも一部流通することがある。

初代パッケージのデザインは、よく見ると横を向いた女性の髪の毛が「LongSalad」の筆記体になっているのが確認できる。

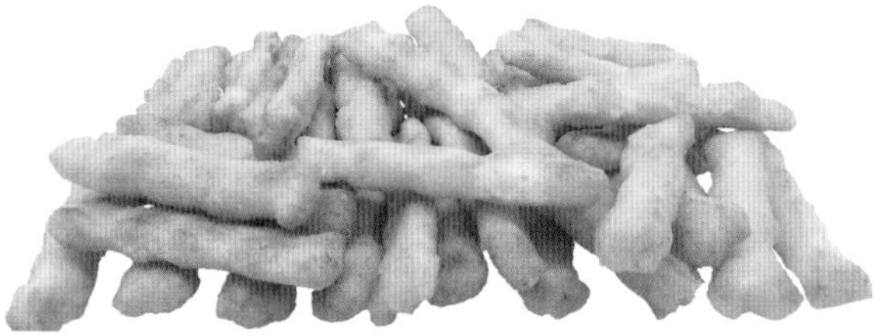

米どころ富山県にあり、北アルプスの山々からの地下水にも恵まれた、「米」と「水」にこだわる北越のロングセラー『ロングサラダ』。国産もち米を100％使用し、芳ばしい香りと深みを引き出した。シュガーバター風味に、もち米の甘さがほどよく調和したサクサク食感のおかきだ。発売は、創業から44年が経った1979（昭和54）年。当時としては珍しいマーガリンと砂糖を加え、「今までにないサラダ味」として誕生した。細長い形状のため、大口を開けることなく上品に食べられると女性にも好評。「欧風の香り」「芳ばしい香りと深み」など、パッケージのキャッチも少しずつ変えながら現在に至る。

わずか5人の従業員から始まった、北越の歴史

「素材そのものの味、自然のおいしさ」を大切に、もち米の持つ甘さと香りが感じられるような商品作りにこだわる北越の歴史を振り返る。

昭和12年

昭和35年

昭和30年

富山県南砺市新町（旧西砺波郡福光）にて創業した、片山家のアルバムから。わずか5人の従業員で、すべて手作業であった。

昭和38年

北越の前身にあたる北越製菓所が1963（昭和38）年に完成させた、当時の小矢部工場。「北越あられ」の文字が誇らしい。

昭和44年

昭和60年

平成元年

もち米を主原料とした米菓メーカーを表現するため、餅つきのビジュアルをパッケージにデザインしていた。

平成19年

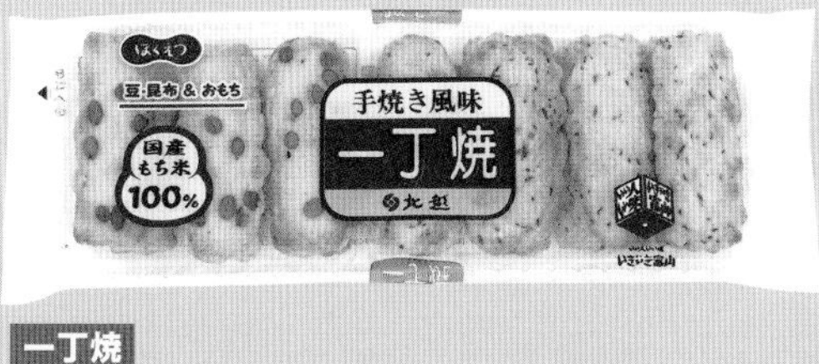

一丁焼

1969（昭和44）年発売。国産大豆入りと北海道産昆布入りの2種類が入り、それぞれカリッとした食感に焼き上げた塩味おかき。発売当時から味も形もパッケージデザインもほとんど変わっていない。

こちらも
ロングセラー

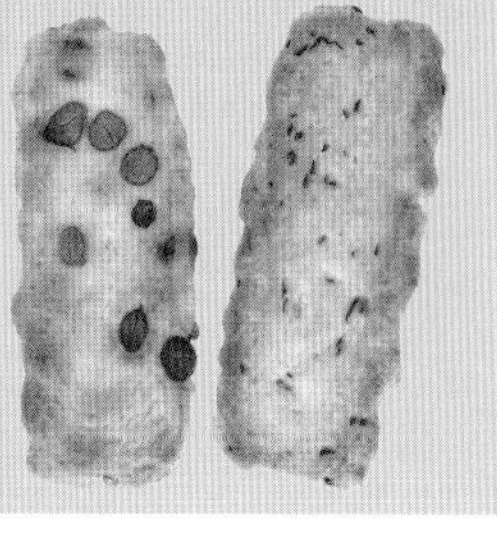

白あんに栗が練り込まれた松月堂のトップブランド

栗せんべい 山梨

松月堂

機械化は進んでも味は当時のまま。2枚が入った小袋の柄も、1970（昭和45）年頃から変わらない。

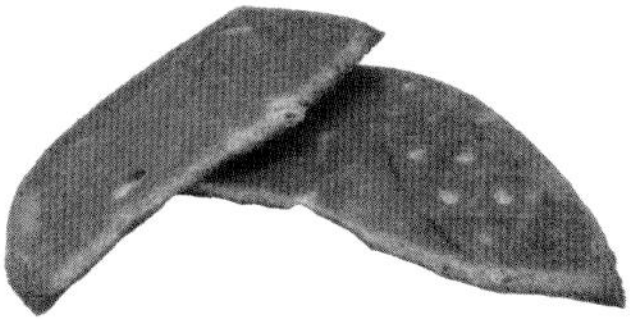

手芒（てぼう）という豆をもとにした自家製の白あんを原料に、栗などを加えて焼き上げた。地元山梨では松月堂といえば『栗せんべい』といわれるほど、同社を代表する商品になっている。1899（明治32）年に開業し、金平糖などを販売した後、昭和初期に『栗せんべい』を開発。当時は職人による手焼きで、高級品として扱われていた。

炭火・ガスの手焼きから昭和40年代にはついに機械化

（上）自家製の白あん。（下）焼き上げる機械は、3年がかりで開発。栗の金型はそのままに改良し、現在は1日に2万枚製造できる。

大正時代〜昭和30年

（上）大正時代から1955（昭和30）年までの店舗。（下）のちに新築した店舗。現店舗は、この建物を改装した歴史あるものだ。

ちょっぴり洋風な 元祖・薄焼きせんべい

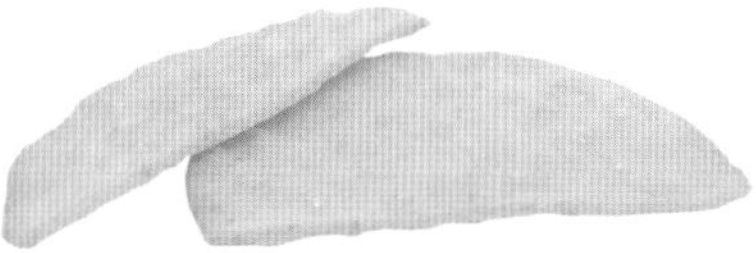

せんべいといえば分厚い醤油味しかなかった時代に、薄焼きの新しい味にトライ。直径約6cmの大きさでこの薄さは驚異的。

発売〜平成18年頃

〜平成27年

オランダせんべい 山形

酒田米菓

山形県庄内地域産の一等米だけを使用した、パリッと軽い歯ごたえの薄焼きせんべい。サラダ風味のあっさり塩味で、厚さはわずか3㎜。1962(昭和37)年、酒田米菓が独自に開発。同社工場がある庄内の田園風景がオランダの風景に似ていることや、“おらだ(私たち)のせんべい”から『オランダせんべい』という商品名になったとか。

重厚なレンガの窯 手作りで焼き上げる味

昭和20〜30年代

1951(昭和26)年創業。当初はレンガ造りの焼き窯に炭火を入れ、手作業でせんべいを焼いた。

懐かしテレビCM

昭和40年代に薄焼きブームが訪れ、テレビCMを制作。第1弾では無名時代の山本リンダが「♪た〜べちゃった〜たべちゃったオランダせんべい食べちゃった」と歌った。

お菓子やおやつに“ご当地”があるように、もちろんジュースにも長年親しまれてきた、その土地ならではの味が存在する。ここでは各地で不動の人気を誇る、個性的でユニーク、そしておいしい“ご当地ジュース”をご紹介！

お菓子と一緒に ぐびぐび飲みたい！ ご当地ジュース

リボンナポリン

ポッカサッポロフード＆ビバレッジ

北海道

(上)『ナポリン』発売初期のラベル。オレンジが映えるモダンなデザイン。
(左)1970年代前半の瓶入り時代。
(下)1963(昭和38)年のポスター。

爽やかなオレンジ色の炭酸飲料『リボンナポリン』は、北海道限定販売。1911(明治44)年に誕生以来、道産子の喉を潤す。当初使用したといわれるブラッドオレンジ果汁の産地、地中海の都市・ナポリにちなみ、『ナポリン』という名に。

ローヤルトップ

名古屋牛乳

愛知

主に牛乳宅配販売店を通じて小売店や銭湯で販売。1本180ml。6本・10本入りのパックもある。

1967(昭和42)年の発売以来、東海地区で愛されている炭酸栄養ドリンク『ローヤルトップ』。はちみつ入りでスッキリとした甘さの炭酸飲料だ。銭湯でも販売されているので、お風呂上がりにぐびぐび飲むのもおすすめだ。

福井 ローヤルさわやか

北陸ローヤルボトリング協業組合

透き通った緑色のきれいな炭酸飲料『ローヤルさわやか』。ちびっ子も高齢者も飲みやすい、ちょっと甘めのメロン味だ。1978（昭和53）年に発売されるや大ヒット、福井県では誰もが知る、まさに福井のソウルドリンクだ！

北海道 コアップガラナ

小原

ガラナの実から抽出した「ガラナエキス」が入った、ピリッとした刺激がクセになる炭酸飲料。1960（昭和35）年の発売以来、北海道の飲み物として定着。当時のガラス瓶の復刻版「アンチックボトル」（左）もオシャレ。

昭和43年に誕生！

クリームソーダ味の"スマック"

クリームソーダ スマックゴールド

緑色の涼し気なガラスの小瓶に入った、昔懐かしいクリームソーダ味の炭酸飲料『スマック』。その誕生は1968（昭和43）年。三重県桑名市の老舗飲料メーカーである鈴木鉱泉が瓶詰のクリームソーダ飲料を開発し、中小飲料メーカー数社とともに統一ブランド『クリームソーダ スマック ゴールド』（愛称スマック）として発売した。「クリームのささやき」のキャッチフレーズと、細やかな泡立ちのミルク風味で大ヒット。現在も複数の飲料メーカーが製造・販売するロングセラーだ。

広島

桜南食品

佐賀

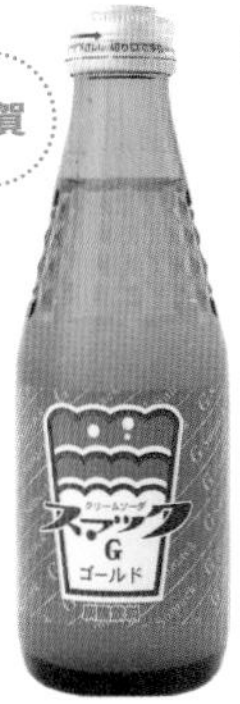

小松飲料

三重

鈴木鉱泉

「skim milk・acid・carbonate・keeping」の頭文字を取り、『Smack』＝『スマック』と名付けられた。同じように見えるが、各社で味やラベル、キャップのデザインは微妙に異なる。

ヒラミ8

JAおきなわ

沖縄

リニューアル前の瓶容器

県産シークヮーサー果汁入り。爽やかな香りと酸味が特徴の、水などで薄めて飲むドリンク。部活中の熱中症対策や疲労回復用に、大量に作りサーバーから飲むのも定番。1982(昭和57)年発売。

大長レモネード

中元本店

広島

日本最古のレモンの産地・呉市大長地区。その大長レモンの果汁と砂糖、特別な呉の井戸水だけを使ったシンプルなレモネード。大正時代のレシピを元に、2016(平成28)年発売。

みかん水

大川食品工業

大阪

銭湯や駄菓子屋で大阪の子どもたちがこよなく愛した、オレンジやアップル、レモンジュースでもない不思議な味。大川食品工業の『みかん水』は、大阪下町の懐かしい味として人気。

関西では定番!?
夏は冷やして、冬はホットで

ひやしあめ
あめゆ

大阪

広島

桜南食品

大川食品工業

日本サンガリア

やさしい甘さと生姜の香り、ほどよい辛味が特徴の「ひやしあめ」。関西では夏の飲み物としておなじみだ。一般的には麦芽水飴と生姜入りで、冷やしたものは「ひやしあめ」、温めれば「あめ湯」になる。サンガリアの缶入り「ひやしあめ」は、裏返すと「あめゆ」の文字に。缶は両面で夏冬対応のデザインだ。大川食品工業の『ひやしあめ』は瓶入りで約30年前から販売。桜南食品では、缶とワンカップ型の容器で販売。関西ではスーパーや自動販売機の定番商品でもある。

金太洋
つぶオレンジみかん

太洋食品

長崎

みかんの「つぶつぶ」がたっぷり! 1970年代の発売以来、長崎で大人気のちょっと甘めな果汁飲料。苦味と酸味が特徴の「甘夏みかん」もおいしい。缶のデザインも昭和レトロだ。

栃木

関東・栃木レモン／イチゴ

栃木乳業

栃木県民のソウルドリンク、通称「レモン牛乳」！ミルクのまろやかさ、ほんのり甘酸っぱい香りにほのかな甘さのするレモン色の乳飲料。「とちおとめ」を使った「イチゴ牛乳」も人気。

北海道

ソフトカツゲン

雪印メグミルク

すっきりとした酸味と甘みの乳酸菌飲料『ソフトカツゲン』。1979(昭和54)年に『雪印カツゲン』(瓶入り)が紙パック入りのがぶ飲みタイプとして大幅にリニューアル。道産子には定番の味だ。

高知

リープル

ひまわり乳業

すっきりとした甘みと酸味の乳酸菌飲料『リープル』。1960年代の誕生以来、爽やかな口当たりのよさで人気だ。高知県民のソウルドリンクとして知名度もアップし、ファンも全国に。

長崎

クールソフト

ミラクル乳業

甘い味わいとオレンジ果汁を使用した爽やかな後味が特徴の乳酸菌飲料『クールソフト』。1976(昭和51)年に長崎・佐世保市で誕生して以来、佐世保のソウルドリンクとして君臨。

宮崎

デーリィサワー

南日本酪農協同

ほどよい甘さ、爽やかな口当たりの乳酸菌飲料。スリガラスのようなプラスチック容器で、アルミで密封された天面にストローを刺して飲む。「メロン」の発売は1969(昭和44)年。

宮崎

ヨーグルッペ

南日本酪農協同

甘酸っぱくて懐かしい味わいの『ヨーグルッペ』。1985(昭和60)年、はっ酵乳を主原料とした、まろやかなヨーグルト風味の乳製品乳酸菌飲料(殺菌)として宮崎で誕生。その味は全国へ。

囲炉裏で焼いた素朴な味
南部藩の野戦食がその原型

南部せんべい **岩手**

小松製菓

小麦とごま、少しの塩気が効いた素朴な味わいの『南部せんべい』。創業者の小松シキ氏が青森県の奉公先で焼き方を覚え、1948（昭和23）年に南部せんべい屋を開業。囲炉裏で焼いたおばあちゃんの味として、今では岩手を代表する菓子に。そのルーツは古く、八戸、盛岡などの南部藩で450年も前から野戦食として焼かれていたとされる。

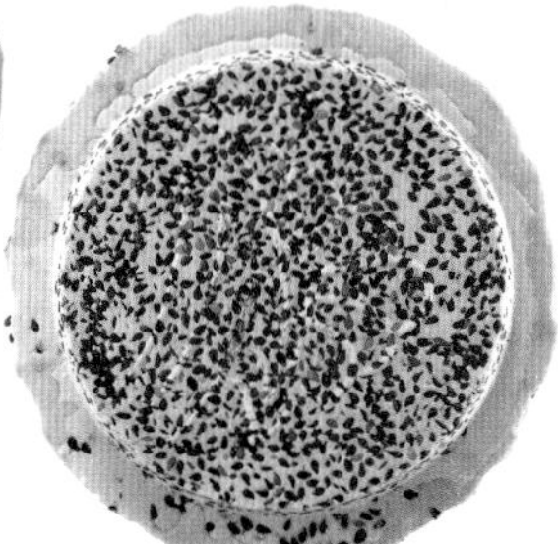

発売当初はごませんべいが主流だったが、その後、落花生、しょうゆが登場。南部では法事や祝儀に欠かせない味。

主食として食べられていた時代を経て今に受け継がれる

白い米など口にできない当時の農民にとって、かまどや囲炉裏で焼く蕎麦粉や小麦のせんべいは、主食としても大切な食料であったそう。

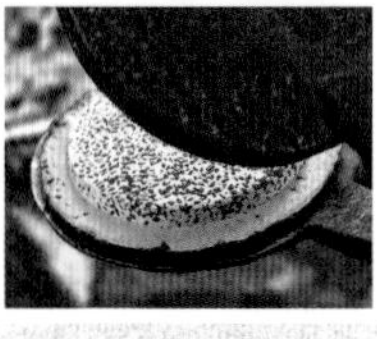

昭和23年

「終戦間もない頃でも小麦とごまだけはどこからか集まり、材料集めの苦労らしい苦労はありませんでした」と、小松氏は著書の中で語る。

バターの風味たっぷり
斬新なアイデアで大人気に！

特製バター煎餅　青森

渋川製菓

小麦粉とマーガリン・バターを原材料とし、少し厚みもあり、クッキーにも似た食感。

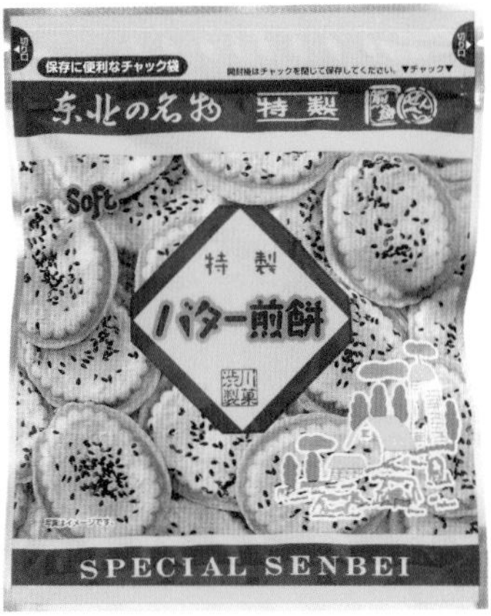

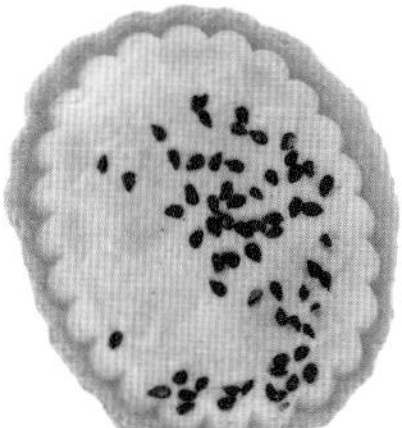

(右)旧パッケージ。現在はチャック付きのアルミ袋だが、デザインは昔も今もほぼ同じ。

バターの味とごまの風味がほどよくマッチしたやわらかい食感の『特製バター煎餅』は、1955(昭和30)年頃に発売された。渋川製菓の2代目社長がパン屋の友人に相談し、その意見を参考にバターを使ったせんべいを考案、試行錯誤の末に完成した。当時、県内ではバターを使ったせんべいはなく、すぐに大人気に。現在も同社の一番人気だ。

青森県初のバター入り煎餅
生地から手作りでお届け！

昭和40年頃

創業は1923(大正12)年。青森県黒石市東新町にあり、津軽地区有数の老舗お煎餅屋さんとして、地元で長く親しまれている。

1960(昭和35)年には青森県知事から「進歩賞」も受賞。当時の工場には「東北名産バター煎餅各種」の文字。

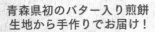

数種類のおつまみが一袋に ママも喜ぶ! 古川名物

パパ好み 宮城

松倉

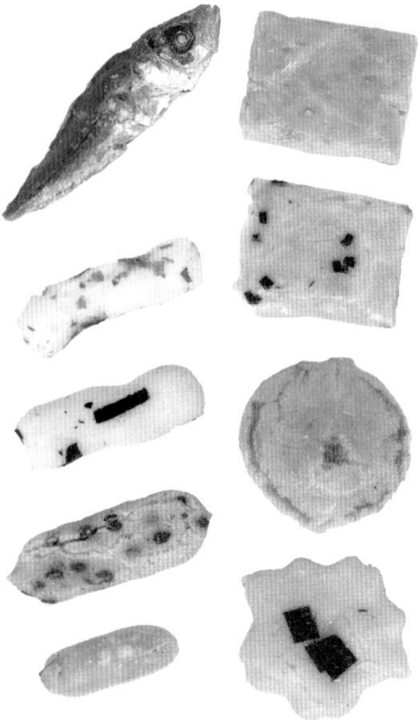

「ママも喜ぶ!パパ好み」のキャッチフレーズで知られる古川名物『パパ好み』。油を使わずに焼き上げた数種類のあられと、アジ、ピーナッツをミックスした人気のおつまみ系あられ。発売は1960(昭和35)年、なんともユニークな商品名は創業者が命名。昭和40年代にはテレビCMも放送し、オリジナルソング『パパ好みの歌』が好評を博した。

量り売りからスタート ママが選ぶパパのおつまみ

昭和20年代後半〜30年代

量り売りをしていた当時、ママがパパの好きなものを選び一袋に詰めていたのをヒントに、『パパ好み』が誕生した。

贈答用の箱入りや ファミリーパックも!

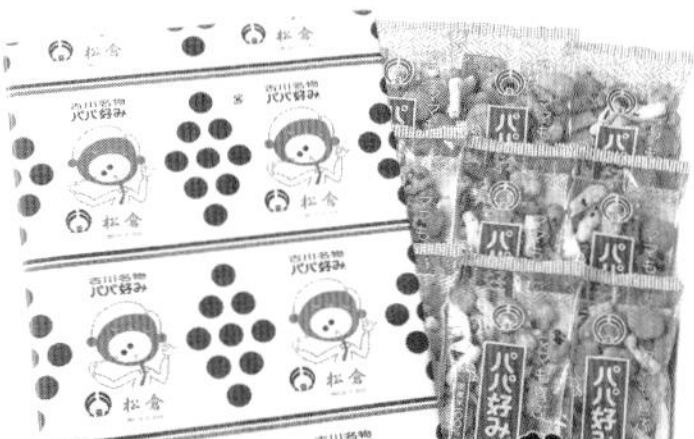

おつまみ、お茶うけはもちろん、地元では贈答品としても定番。パパが口に豆を放り込むイラストが描かれた、レトロな贈答用包装紙(上)も発売当初のまま。

海と山と川に囲まれた町
新潟県柏崎で生まれた米菓

網代焼 **新潟**

新野屋

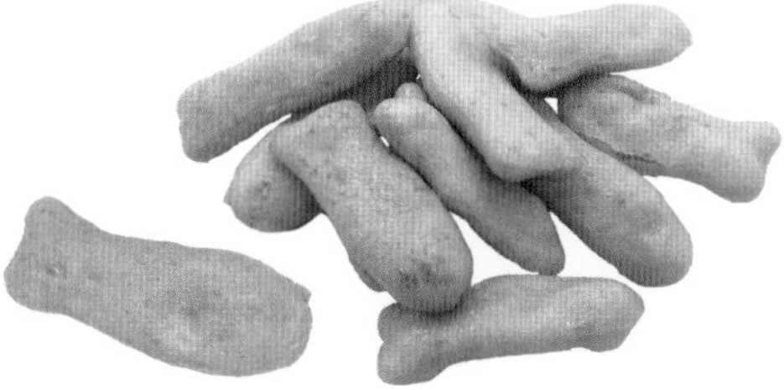

当初、味付けに小魚粉を使い、柏崎は鯛などの魚が名物だったことから魚のような形に。

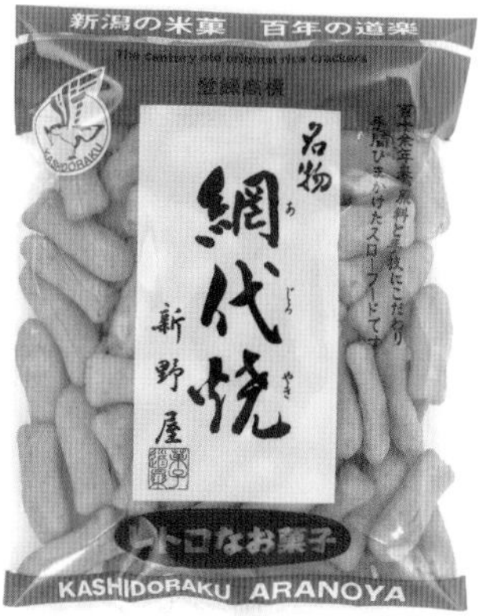

魚の形を作る金型

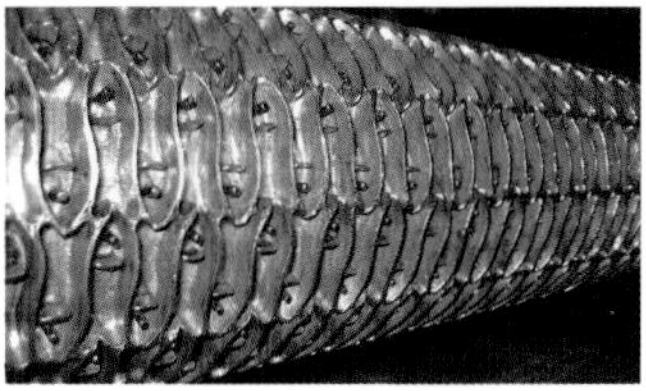

圧力釜で蒸かして練った米を杵でつき団子状の生地に。この金型で魚型に抜く。

国産うるち米にエビ粉を加え、醤油で仕上げた小魚型のおせんべい。1894（明治27）年に和菓子屋として創業した新野屋（あらのや）が、1907（明治40）年に販売を開始。商品名『網代焼（あじろやき）』は、竹でできた川魚を獲る道具「網代」という竹の籠から名付けられた。新鮮な魚しか食べないといわれる「ミサゴ」という鳥が、新野屋のロゴマークになっている。

和菓子作りから米菓作りに挑戦した初代の想い

創業当時は高価だった非日常の和菓子よりも、安価でおいしい菓子作りを目指し、初代・新野信太郎氏が考案。その新野氏が開発した「くろ羊かん」も現代に受け継がれ、新野屋が誇る二枚看板となっている。

大正時代の工場内と店頭

自然の恵みを受けて育った平飼い卵を使用

鶏卵せんべい 山口

深川養鶏

一袋の中にせんべいが3枚。1枚1枚にシンボルマークの焼き印が入る。

平飼いの卵とはちみつを使ったまろやかなカステラ風味のせんべいで、飽きのこない素朴なおいしさ。深川養鶏農業協同組合が1953（昭和28）年から製造を開始。箱や包装紙のデザインもレトロでかわいい。山口県内を中心としたスーパーや道の駅、旅館などで販売され、地元はもちろん、お土産としても人気。

パッケージにデザインされたニワトリの中に「ながと」「けいらん」（長門・鶏卵）の文字が隠されている。

「われせんべい」も！

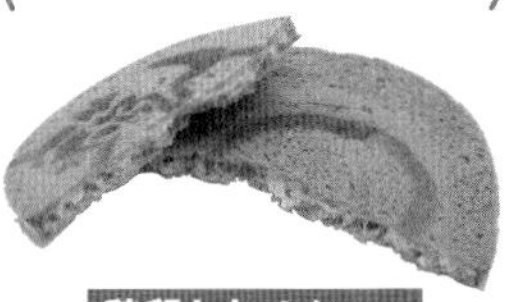

鶏卵われせんべい

養鶏組合ならでは！平飼い卵を使った贅沢な味

昭和28年頃

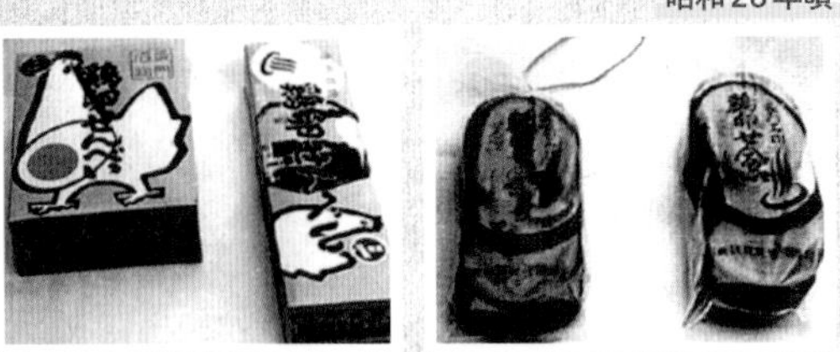

製造開始当初の写真を見ると、手作りで手焼きしている様子が確認できる。昔ながらのカステラ風味の『鶏卵せんべい』に、現在は地元油谷湾の「百姓の塩」を織りまぜた『鶏卵塩せんべい』も登場。

100年以上愛される
変わらない製法と伝統の味

ラッキーチェリー豆 長崎

藤田チェリー豆総本店

揚げる前に雲仙山嶺の湧水に浸し、ミネラルをふんだんに染み込ませたそら豆は、噛むごとに豊かな風味が広がる。

ラッキーチェリー豆

良質なそら豆を植物性の油でカラッと揚げ、砂糖・生姜・水飴・湧水をゆっくりと混ぜあわせた飴にからめた豆菓子。1914（大正3）年の誕生から、雲仙普賢岳のふもと、有明海に面した島原で100年以上の長きにわたり愛され続ける素朴な豆菓子。島原産生姜の風味と、あっさりした甘さが特徴で、長崎県の特産品としても有名。

こちらもロングセラー

うに豆

揚げたそら豆に、生うにを使用した秘伝の配合で作った衣をまとわせた。サクサクしてビールなどのつまみに最適。

昭和30～40年代

当時の缶には桜や観光名所などが描かれた。商品名は、創業者が住んでいた佐賀県鹿島市が桜の名所で、地元中学校の英語教師から「桜の英語、チェリー豆はどうか」と助言されて命名。

桜の名所から付けられた「チェリー」の名前

マカロンにヒントを得て
誕生した、大正から続く味

本田マコロン　愛知

マコロン製菓

実物大

丸い形もかわいい欧風菓子。原材料のメインは落花生。生の落花生を釜で炒って粉状にして使うため、落花生の風味がお菓子の中に凝縮されている。現在もほとんど手作業で作られる。

社長自ら生地を練り、ほぼ手作業で作る『マコロン』

泡立てた卵に落花生、パン粉、砂糖などを加え生地を作る。カットした生地を型に入れ、大正時代から使う釜で焼き上げる。1日約600kgの『マコロン』が誕生！

クッキーのような欧風の焼き菓子『本田マコロン』。口どけがよく、落花生の香ばしい風味が口いっぱいに広がる。誕生は創業と同じ1924（大正13）年。今もその当時から使用している釜で焼き上げ、味や形、製造方法を変えることなく、創業以来の味を守り続けている。現社長の父がフランスの「マカロン」にヒントを得て考案。アーモンドの代わりに落花生を使い、コロコロと転がして作ることから『マコロン』と名付けた。近年は甘すぎる菓子は敬遠されるため、表面にかけていたグラニュー糖を砕いたマコロンの粉に変え、より自然な甘さに。甘すぎない素朴な味は、コーヒーやお茶にもマッチする。

歴代デザインで振り返る『本田マコロン』の歴史

袋や一斗缶に貼られていた歴代のデザイン。「栄養菓子」「滋養の王座」「厚生大臣賞受領」などのコピーが歴史の重みを感じさせる。

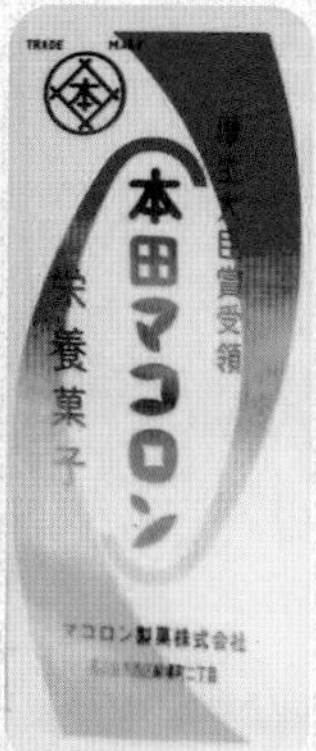

『マコロン』以外にもいろいろ作っていました！

創業当初は本田製菓所という名称だったが、戦前には『マコロン』が看板商品となり、屋号も本田マコロン本舗に。その間にも、焼き菓子に限らずバラエティ豊かな菓子を製造してきた。

重厚感漂う昭和８年築の木造 今も現役の本社工場

築90年以上の本社工場は今も現役。屋根には町内共有の守り神「屋根神様」が祭られている。名古屋市の登録地域建造物資産でもある。

親しみやすい名前の
異国情緒漂う長崎のお菓子

元祖よりより　長崎
萬順製菓

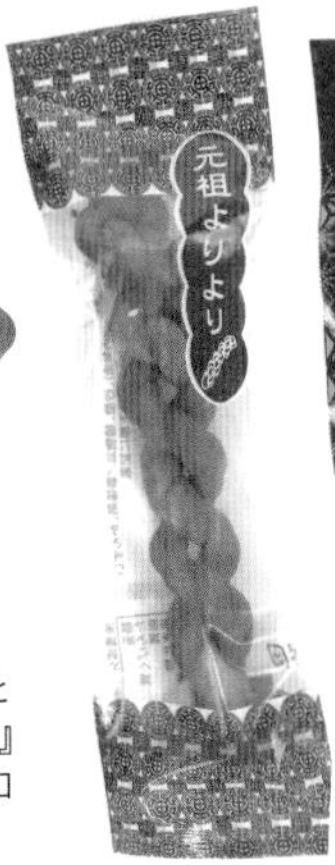

『よりより』は、中国で「麻花」「脆麻花」と呼ばれる小麦粉と砂糖が原料。『よりより』の味わいはそのままに、食べやすいひと口サイズにしたのが『ちより』だ。

職人の手で現在も一つずつ手作り

その日の気温や湿度によって粉の配合などを微調整するなど、日々おいしさを追求。シンプルなお菓子だからこそ、職人の技が生きる。

実物大

小麦粉をこねた生地を一つひとつ手で編み、油で揚げたシンプルなお菓子『元祖よりより』。香ばしくかたい食感だが、噛むほどに独特のやさしい甘みが広がる。古くから中国貿易で栄え、鎖国の時代にも日本で唯一開かれていた国際貿易都市・長崎で、1884（明治17）年に創業した萬順製菓。戦後は『金銭餅』（きんせんぴん）や『月餅』が主力の商品であったが、昭和30～40年頃、3代目社長が『脆麻花（まーほぁ）』という商品を『よりより』と命名。駄菓子のような位置付けであった商品は、やがて長崎銘菓として評判に。『よりより』をはじめ、異国情緒漂うお菓子は長崎らしさを感じる土産としても人気を博している。

長崎の地で140年の歴史を誇る萬順製菓ヒストリー

貿易商として創業した「萬順號（まんじゅんごう）」が取り扱っていた砂糖を用いて、菓子業を始めたことが萬順製菓の起源となっている。

昭和30年代後半

昭和40年頃～平成20年頃

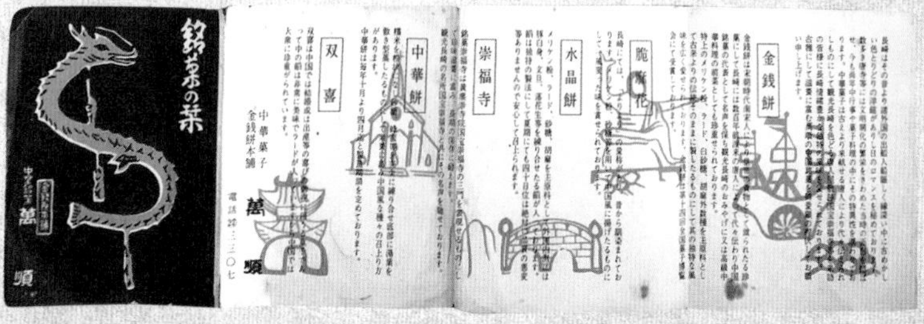

昭和40年頃

（上・左）当時のパンフレットには、縁起菓子の『金銭餅』が看板商品として扱われている。この頃はまだ『よりより』の文字は見られないが、その素朴な味わいと覚えやすいネーミングにより、『金銭餅』の女房役であった『脆麻花』が主役になっていくことになる。

北陸の冬の風情を表現
甘じょっぱい昆布菓子

雪がわら 福井

亀屋製菓

原料は昆布と砂糖、小麦粉、でんぷん。昆布は北海道釧路産。中でも身が厚すぎない、昆布森産二等を使用している。

試行錯誤し、別の味や大量生産を行ったりした時期もあったが、現在は原点に回帰。当時と同じ製法で手作りされており、「○○味」などの別バージョンもない。

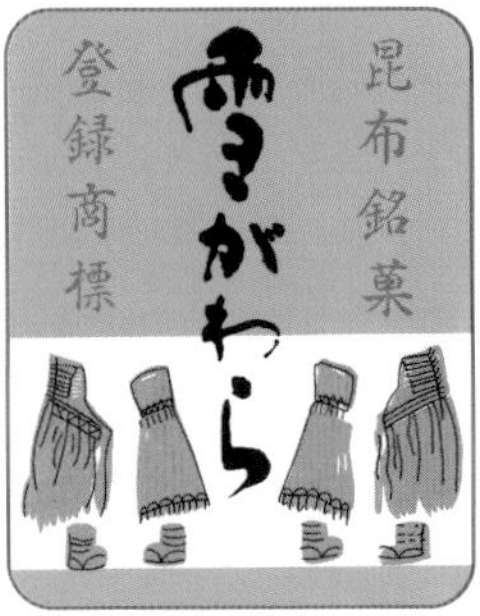

藁で編んだ菓蓙帽子(ござぼうし)や藁靴のイラストが描かれた、発売当初のパッケージ。10年ほど前に復刻した。

発売当時のデザイン復刻

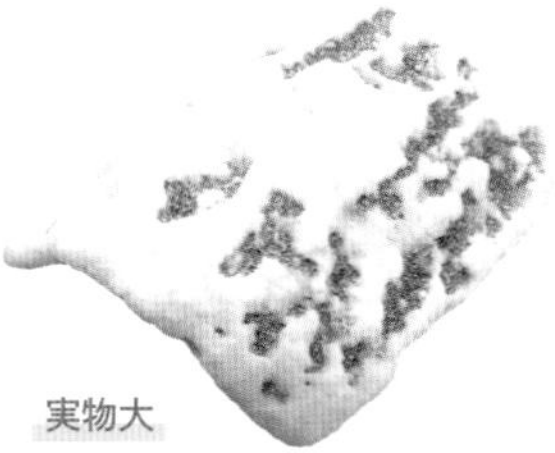

実物大

雪が積もった瓦のような見た目。上質の昆布をカリカリに焼いて砂糖をまぶしたもので、食べるとまず甘さを感じ、噛むうちに昆布の風味が口いっぱいに広がる。1960(昭和35)年の発売以来「甘すぎる」「塩辛い」などの声も寄せられたが「あまり気にせず、変わることなく製法と味を守り続けて」きた結果、60年以上続くロングセラーに。越前・福井は、江戸時代から海運が栄え、北海道から大量に運ばれてきた昆布を中部や関西に届けていた歴史をもつ。良質の昆布が集まる土地柄を活かすとともに、北陸の冬の風情を表した、福井ならではの名産品だ。煮物の中に入れても昆布からダシが出ておいしい。

父が遺したガラス瓶に 原点回帰の思いを込めて

1954（昭和29）年創業。現代表の父にあたる創業者が作った『雪がわら』が入ったガラス瓶（右）は今も大切に保管されている。

昭和31年

現在

（左）創業者の左手が添えられているドラムは、昆布に砂糖を付ける道具で、現在も同じもの（上）が使われている。

ソノシートにもなったCMソング！

童謡『うさぎとかめ』に似せた歌詞も親しみやすく、「♪もしもし亀屋の雪がわら」「世界のうちでおまえほど、こんなにおいしいものはない」「亀のマークの亀屋の雪がわら〜」と耳に残るフレーズ。歌は元祖コマソンの女王ともいわれる楠トシエ。

（右）足羽川の花火大会での仕掛け花火。（上）昭和30年代に放送されていたテレビCM。

昭和30年代

『雪がわら』製造工程は 原料の昆布チェックから

天日干しされた昆布を酢でやわらかくした後、既定のサイズに小さくカット。ガスの火でカリカリに焼き上げてから「砂糖蜜をかけ乾燥」の工程を13回も繰り返し、一昼夜乾燥させてできあがり。

冬季限定の水ようかん
越前・福井の冬の風物詩

水羊かん 福井

えがわ

食べやすいよう切れ目が入っており、これをすくい出すための木べらも同梱。地方配送もあるが、箱に直接流し込まれたタイプ（右）は地元のみで販売。

シンプルな外箱のデザイン（左）に、中を開けると、乾燥防止用の透明なシートに印刷された雪ん子と雪だるまが現れる。雪国の冬を思わせる、なんとも味わい深いイラスト。

＼木ベラですくって召し上がれ／

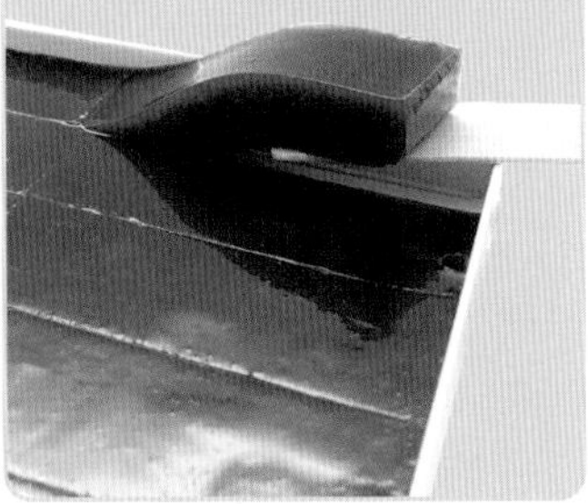

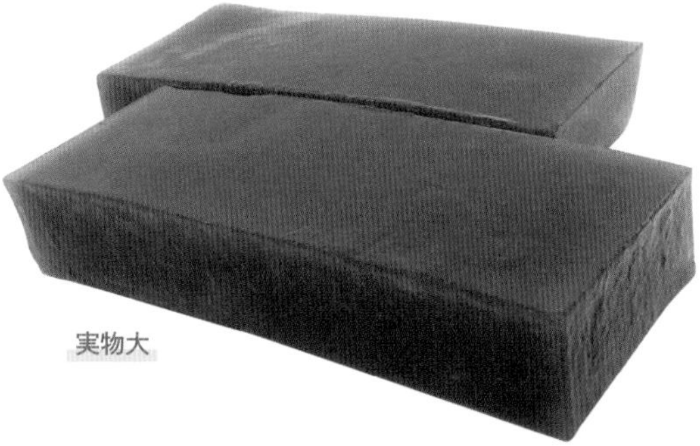

実物大

約17cm×23cmの紙箱に直接流し込まれ、14切れが入った『水羊かん』。ようかんとしては特大サイズだが、のど越しスッキリのおいしさで食べだすとやみつきに。

越前・福井の冬の風物詩でもある水ようかん。大正時代の頃から福井では冬にコタツに入って、冷たい水ようかんを食べる習慣が定着。えがわの『水羊かん』は、つるんとなめらかな食感で、やわらかく、みずみずしいのが特徴だ。

1937（昭和12）年創業のえがわは、1950（昭和25）年から『水羊かん』専門店として製造・販売を開始。寒天、こしあん、水、沖縄産の黒砂糖などを大釜で炊き上げ、熱々のできたてを手作業でかき混ぜて冷ましていく。根気よくかき混ぜることで、風味豊かで飽きのこない、独自の味と食感が完成する。製造・販売は11～3月限定、まさに冬のおやつだ。

木箱の時代を経て トレードマークの赤箱へ！

『水羊かん』には添加物が入っておらず、糖分が少ないために傷みやすい。当初は福井だけの冬のおやつだったが、今では全国で味わえる。

〜昭和30年頃

昭和33年〜

1955（昭和30）年頃までは、漆塗りの木箱に直接流し込む「板流し」。1958（昭和33）年、扱いやすく衛生的な紙容器に変更し、箱に水ようかんを直接流し込む「箱流し」となり、「赤箱」（上）も誕生。

平成2年〜

平成3年〜

あずきの粒入り登場！

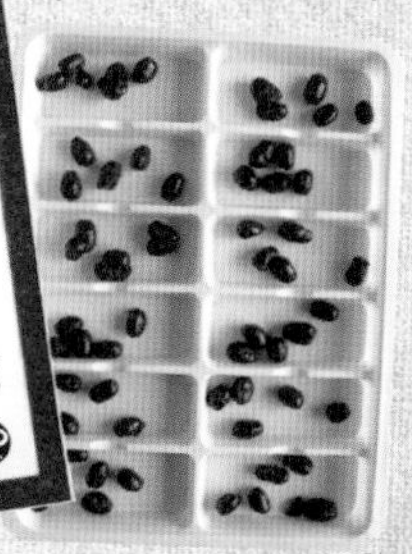

平成8年〜

平成15年〜

平成に入ると配送用としてパック包装が登場（上左）。また、北海道産のあずき粒大納言を散りばめてから水ようかんを流し込む、あずきの粒入りも発売された（上・水ようかんを流し込む前）。その後にコンビニ用や1人分の食べきりサイズ（左）も地元限定で販売している。

懐かしテレビCM

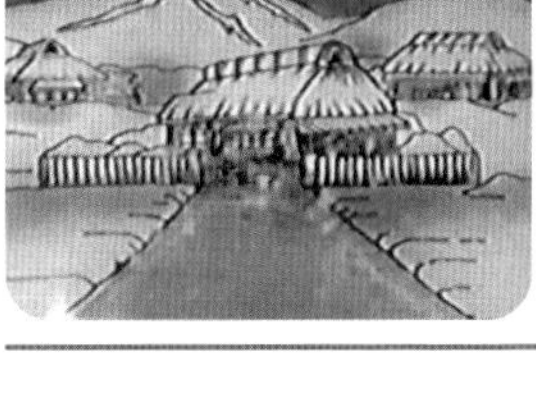

地元のテレビやラジオでCMも流された。「♪さわやかな味も懐かし ふるさとに語り継がれた えがわの水羊かん…」というCMソングも。

お茶どころ・静岡が生んだ かわいい緑茶入りようかん

お茶羊羹 **静岡**

三浦製菓

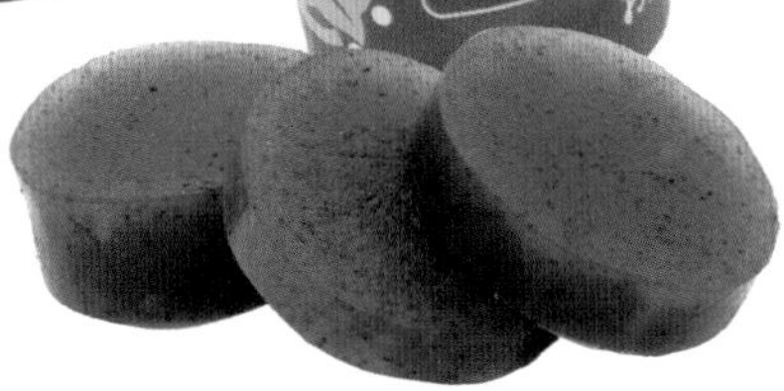

底の部分を押し上げたときに、にゅっと出てくる姿も楽しい。小ぶりで甘すぎないため、つい食べすぎてしまう人も多いとか。

実物大

『玉露茶羊羹』の名称で発売し、2002（平成14）年に現在の『お茶羊羹』へ変更。パッケージは当時と変わらず。爽やかなお茶の緑をベースに茶壺が描かれたレトロなデザインも人気。

こちらも人気！

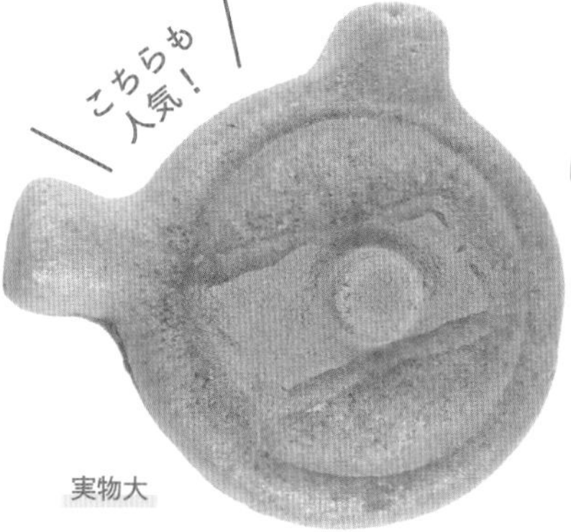

実物大

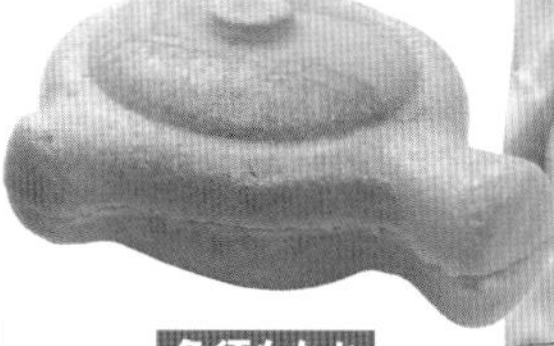

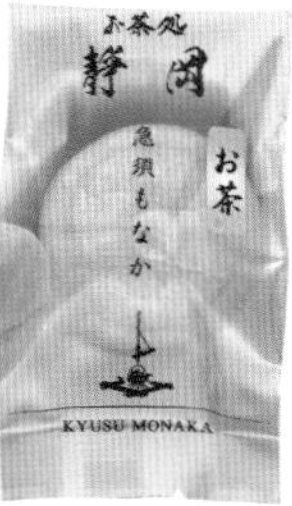

急須もなか

こちらもコロンとしたサイズ感が特徴。本物の急須を参考に紙粘土で型を作り、試行錯誤の末ようやく完成した、こだわりの急須型。小倉あん、お茶あん、川根の塩（手亡あん）の3種。

2〜3口で食べられるかわいらしいサイズが印象的な『お茶羊羹』。甘さは控えめで、濃いお茶の風味とほどよい苦味や渋みが特徴だ。静岡県島田市川根では、お茶を練り込んだようかん製造の歴史は古く、明治時代から始まったとされる。

三浦製菓では、1950（昭和25）年頃からサイコロ型のお茶ようかんを販売するようになり、1980（昭和55）年に筒状の特徴的な容器を考案。サイコロ型に切って包装するのではなく、筒型容器に直接流し込んで成形、フタをすることで日持ちを改良。食べやすさも追求し、下から押し出す仕様によって手を汚さず手軽に食べられるようになった。

和洋菓子だけじゃない パンの製造販売時代もあった

創業当時は飴の売り歩きや祭りへの出店なども行う駄菓子屋に近い菓子店だった。その後、各種和洋菓子やパンの製造・販売などを経て現在に至る。

昭和36年

昭和50年

(左・上)三浦製菓本店の旧店舗。(右)サイコロ型は約60gだったが、筒型に改良した際に半分の30gとなった。

誕生当時のサイコロ型!

昭和45年のパッケージ

昭和56年

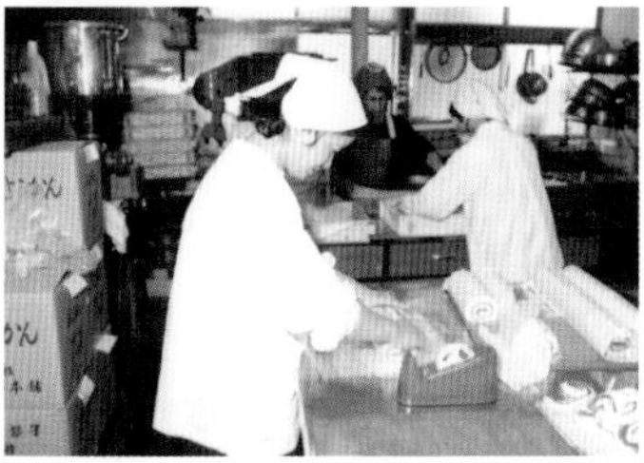

昭和58年

昭和58年

「楽しくやさしい田舎町」をテーマに急須型とともに展開!

昭和59年頃

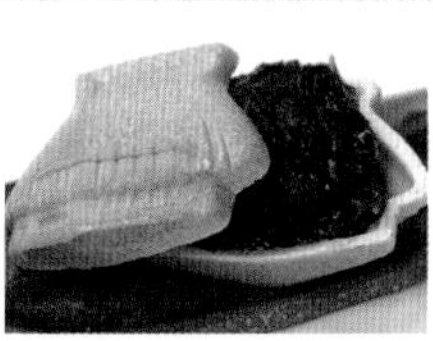

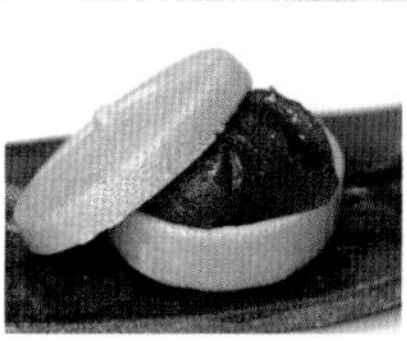

『急須もなか』は、ひと回り大きい急須型の『深山のもてなし』(現在も人気商品)を小さくしたもので、当初は東家型、湯呑み型(上・終売)などとのセットで発案された。

昭和59年

1串に3つのお団子
「山焼き」由来の銘菓

山焼きだんご 山口

きれん製菓

昭和47年

『山焼きだんご』の発売は、1972（昭和47）年。（上）発売当初の商品。竹皮の包みと箱は現在も同じで、素朴なお団子のイメージにぴったりだ。

やわらかい餅に香ばしいきな粉をまぶした、素朴な味のお団子。山口県の秋吉台国定公園では、毎年早春に約600年前から続く伝統行事「山焼き」が行われる。かつて山焼きの日には、農家が弁当として団子を持ち寄り、残した一つを山の神に供えたとされる。きれん製菓の『山焼きだんご』は、この「山焼き」に由来する銘菓である。

自家製の手作り『山焼きだんご』を喫茶店でも提供していた昭和時代

昭和40年代

昭和20年代から店舗と喫茶店を併設して営業していたきれん製菓。『山焼きだんご』は発売当初から喫茶店でも提供していた。残念ながら、現在この店舗兼喫茶は存在しないが、商品は県内で広く販売されている。

まるで宝石のよう！
上品な甘さと苦味の逸品

ざぼん漬 **大分**

三味ざぼん店

白雪

「琥珀」「べっこう」は洋酒にも合う。他店と違い、初代より砂糖をまぶしていないので、まるで宝石のように透き通っている。

琥珀

べっこう

かためのゼリーのような食感で、甘みと柑橘系の苦味が特徴の三味ざぼん店の『ざぼん漬』。ザボンとは、文旦（ぶんたん）やボンタンとも呼ばれる柑橘系の果物で、その皮を火にかけじっくりとアク抜きをし、砂糖と水飴と浄水で炊き上げた「白雪」「琥珀」「べっこう」の3種を展開。商品ごとに調合した蜜とこだわりのカットにより、それぞれの味に特徴がある。

創業当時と同じ地で
初代の父の味を受け継ぐ

昭和20年頃

1945（昭和20）年創業。現在は2代目（写真中央の少年）が先代の味を守り丁寧に手作りしている。パッケージデザインも発売当初から変えていない。

食べ比べできる
3種の味わい

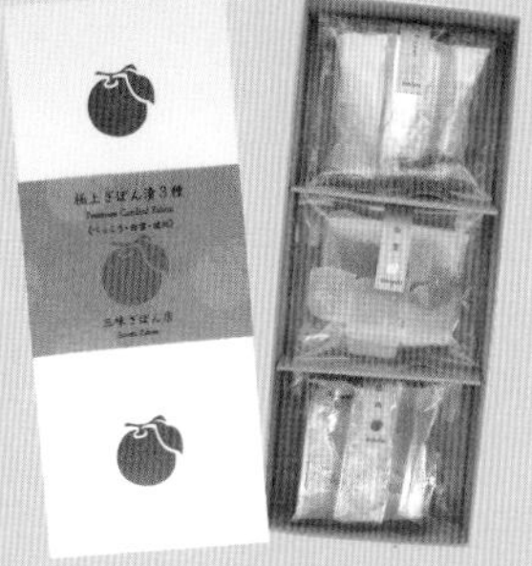

「白雪」は定番の味。50年ほど前に登場した「琥珀」は濃厚で風味豊か。20年前登場の「べっこう」はあっさりとした甘み。

超ロングセラーに嬉しい復刻も！ ご当地サイダー

明治33年に誕生！ 日本最古のご当地サイダー

岐阜

養老サイダー

養老サイダー復刻合同会社

1900（明治33）年、岐阜県・養老町で製造開始した、日本最初のサイダーである『養老サイダー』。長年地域の人たちに愛されてきたが、2000（平成12）年に惜しまれながらも製造を中止した。その後、復活を願う多くの声に応え、2017（平成29）年に見事に復刻！　幻だった味がよみがえった。こうした地域に根差した“ご当地サイダー”は、実は全国各地に存在する。レトロで個性的なラベル、はじめて飲むのにどこか懐かしい味 ―― 、ここでは、そんな“ご当地サイダー”を紹介しよう。

大阪

大阪サイダー

大川食品工業

昭和30年代、大川食品工業で売れ筋だった『大阪サイダー』を、モダンレトロな商品として復活させた。昔ながらの味を守りつつ、レモンライムとシャンペン風味の香料が高級感を漂わせる。

東京

トーキョーサイダー

丸源飲料工業

戦後間もない1947（昭和22）年、焦土と化した東京の復興のシンボルとして誕生。1980年代後半に終売するも、2011（平成23）年に当時のレシピを忠実に再現して復刻された。

福井

さわやか

北陸ローヤルボトリング

がぶ飲みOKな微炭酸サイダー『さわやか』。1970年代後半、旧型の「三ツ矢サイダー」の瓶にメロンソーダを充填して販売したのがはじまり。発売当時の懐かしい味がワンウエイ仕様の瓶で復活！

佐賀

スワンサイダー

友桝飲料

昭和のサイダー全盛期の味わい。上質のグラニュー糖を丹念に溶かしこみ、昔ながらの製法で作られた。1930年代販売の『スワンサイダー』の復刻版。2005（平成17）年から販売。

北海道

マスカットサイダー

アサヒ飲料

北海道・天塩町で、1974（昭和49）年に誕生した日本最北のご当地サイダー。無果汁だが、マスカットをイメージしたほのかな香りがする。ラベルにはかわいいワンちゃんのイラスト。

岩手

マスカットサイダー

神田葡萄園

明治創業の歴史ある葡萄園で、1970（昭和45）年に誕生した、葡萄園ならではの『マスカットサイダー』。ほのかなマスカットの香りと、シュワーっと喉にくる炭酸が心地よい。

青森

みしまバナナサイダー

八戸製氷冷蔵

昭和30年代、バナナが高級品だった頃に、手軽にバナナの味を提供したいと誕生したサイダー。ほんのりバナナの香りがする。『三島シトロン』（右）と同じ「三島の湧き水」を使用。

青森

三島シトロン

八戸製氷冷蔵

八戸の名水「三島の湧き水」を使用した、強めの炭酸が喉に心地よいプレーンなサイダー。1922（大正11）年の発売以来、変わらない味にこだわり、爽快感と懐かしさを与えてくれる。

秋田

ニテコサイダー

あきた美郷づくり

1902（明治35）年に『ニテコシトロン』という名で誕生した、豊かな水源からの良質な水を使用した秋田県初のサイダー。やわらかな甘さがあり、まろやかな炭酸は喉ごしも爽やか。

佐賀

キンセンサイダー

小松飲料

1952（昭和27）年の創業以来、変わらない味の『キンセンサイダー』。炭酸が軽めですっきりと爽やかな味わいだ。左の『キンセンラムネ』は、昔懐かしいビー玉入りのガラス瓶で販売。

大阪

三扇サイダー

寿屋清涼食品

3つの扇がデザインされた渋いラベルの『三扇サイダー』。昭和20年代に発売されたサイダーの味わいを再現し、2000年頃に復刻。左の瓶は、1970年代にすでに発売されていた旧瓶。

新しさと懐かしさあふれる
バラエティ豊かな8つの味！

ニューハイミックス 神奈川

宝製菓

実物大

家族や友だちで集まる席やティータイムでもアソートビスケットは大活躍。気軽に本格的なビスケットが楽しめる。（上）「チョコクリームサンド」と「グラハムビスケットバニラ」。

見た目も楽しい！カラフルな個包装

かわいい花柄模様デザインの大袋には、8種類の個性的なビスケットが約24個入っている。個包装のパッケージもオシャレでカラフル！

1袋でさまざまな味のビスケットを楽しめるのが、宝製菓の看板商品『ニューハイミックス』。1976（昭和51）年の発売以降、アソートの中身もリニューアルを繰り返し、時代に合ったお菓子が大袋いっぱいに詰められている。現在はバラエティに富んだ8種類の味でアソート感がさらにアップ。8種類の中には、「グラハムビスケット」や「バタースティック」のミニサイズ版など人気の定番商品も入る。1946（昭和21）年、「宝のふじパン」として創業し、その2年後にビスケットの製造を開始した宝製菓。焼き菓子本来のおいしさにこだわり続ける、自信の味が詰まったアソートビスケットだ。

パン作りから転向
ビスケット製造一筋に！

終戦直後、パン作りからスタートした宝製菓。小麦や砂糖の統制が解かれるとビスケット製造に転向し、焼き菓子本来のおいしさを追求。

昭和21年頃

昭和37年頃

昭和51年頃

当初はキャンディー包みの個包装も多かった。(右) 商品名に「NEW」が付け足された。

昭和41年頃

子どもに人気の「かわいいコックさん」の絵描き歌を参考に、アヒルの企業ロゴを考案。

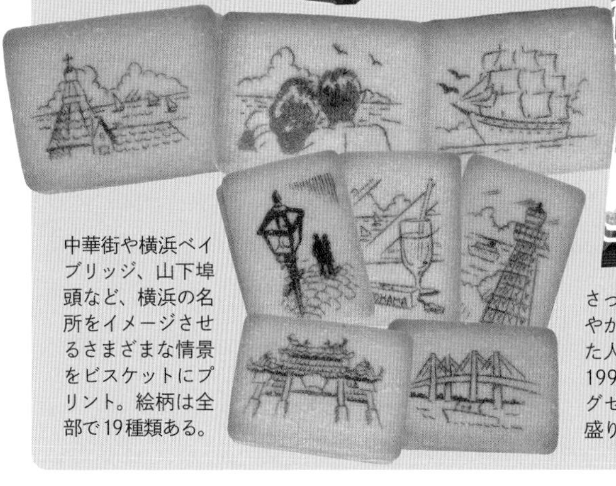

中華街や横浜ベイブリッジ、山下埠頭など、横浜の名所をイメージさせるさまざまな情景をビスケットにプリント。絵柄は全部で19種類ある。

こちらも ロングセラー

さっくり食感のビスケットにまろやかなバニラクリームをサンドした人気の『横浜ロマンスケッチ』。1993(平成5)年発売以来のロングセラーで、本社のある横浜を盛り上げるために誕生した。

チョコレートにピーナッツを組み合わせた画期的発明!

ピーチョコ　神奈川

大一製菓

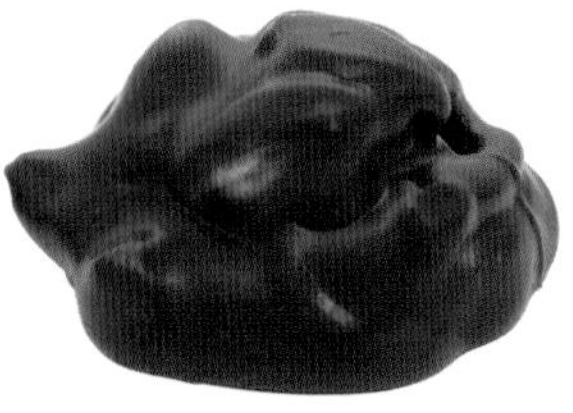

実物大

パッケージは変遷を繰り返しているが、現在も昔ながらの雰囲気を残した、どこか懐かしさを感じさせるデザイン。2022（令和4）年からは、「SINCE1961」「湘南チョコ工房」のロゴが追加された。

＼たっぷり入って味もお腹も大満足／

昭和54年

1980年代半ばまでトレーはなく、袋に直にピーチョコが詰められていた。『ゴールド』もあった。

発売当初は6～8人の職人が布製のしぼり袋で一粒ずつチョコを手絞りし、一粒で約8グラムの『ピーチョコ』をアルミ板1枚に80粒、1日に25万粒を作っていたという。

ゴツゴツとしたピーナッツが印象的なブロック形状のチョコ『ピーチョコ』。まろやかなチョコレートに香ばしいピーナッツが入った定番のお菓子だ。その登場は1961（昭和36）年。当時、高嶺の花だった高価なチョコを「少しでも多くの人へ届けたい」という想いから大一製菓が商品化。試行錯誤の末、チョコに手頃な値段のピーナッツを混ぜ合わせた画期的なお菓子として誕生した。ピーナッツだけ、チョコだけがおいしいわけではなく、チョコとピーナッツが一緒になったときに一番おいしくなるようにと、チョコレートの配合から考えぬき『ピーチョコ』は作られる。これがおいしさの秘密でもある。

マシュマロ製造からやがてチョコレート工場へ

大一製菓の創業は1958（昭和33）年。東京都中野区でマシュマロの製造からスタート。やがてチョコレートの製造に挑むことに。

昭和40年代

東京·中野区にあった本社工場と『ピーチョコ』の製造風景。すでにチョコレートの製造を開始した頃。「P-CHOCO」表記の配送トラックの姿も。

社員の落書きから誕生!?

社員が工場の壁に描いた落書きを、「ピーぼう」というキャラとしてパッケージに採用。

昭和47年頃

『ピーチョコ』の大ヒットという追い風を受けて、現在の神奈川県茅ケ崎市へ本社工場を移転。中・右の写真は、移転当初の製造風景。

歴代の『ピーチョコ』とその仲間たち

昭和59年

昭和63年

平成4年

昭和54 ～ 59年商品カタログより

『ピーチョコ』以外にも、チョコレートメーカーとしてバラエティ豊富な商品を展開。当たり付きのチョコなど遊び心のある子ども向け商品なども。

淡い色合いもかわいい花びらの形をしたお菓子

フローレット 佐賀

竹下製菓

バニラ、バナナ、オレンジ、イチゴ、サイダーの5つの味があり、原料や製造方法はマシュマロとほとんど一緒だという。

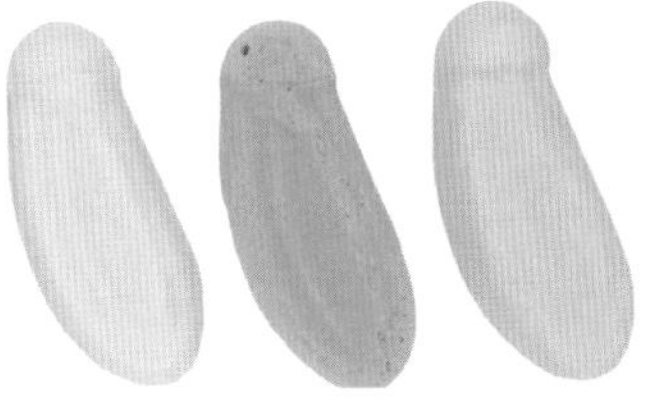

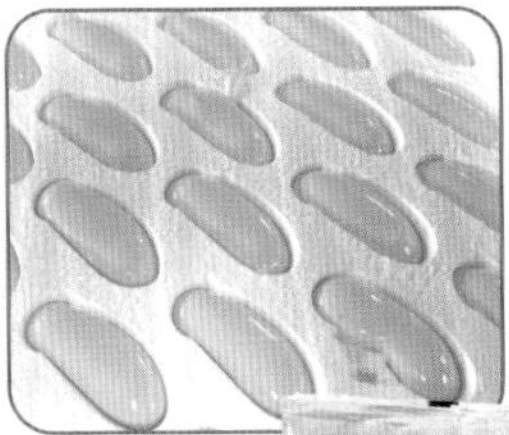

1990年代

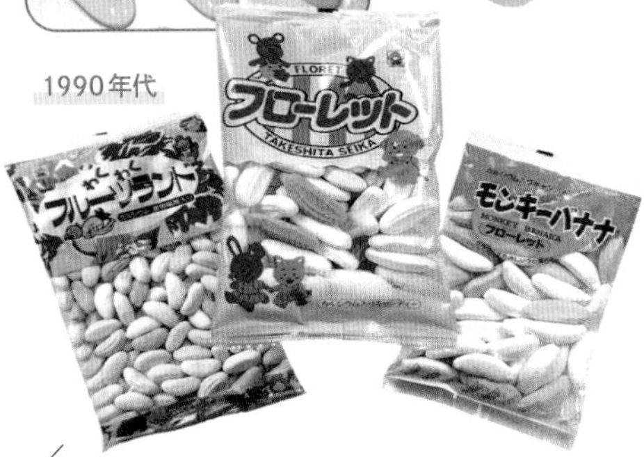

かわいらしい淡い色合いの細長いお菓子『フローレット』。カリカリッとした軽い食感と、懐かしさを感じる素朴な味わいが特徴だ。作るのに手間がかかるため、大量生産をしているのは今や竹下製菓だけだ。一部の地域ではお墓や仏壇へのお供え物に用いられるお菓子として知られる。海外のお菓子の一つとして森永製菓が日本で広めたとされる。

明治時代から愛されてきた伝統ある洋菓子の文化を継承

明治時代

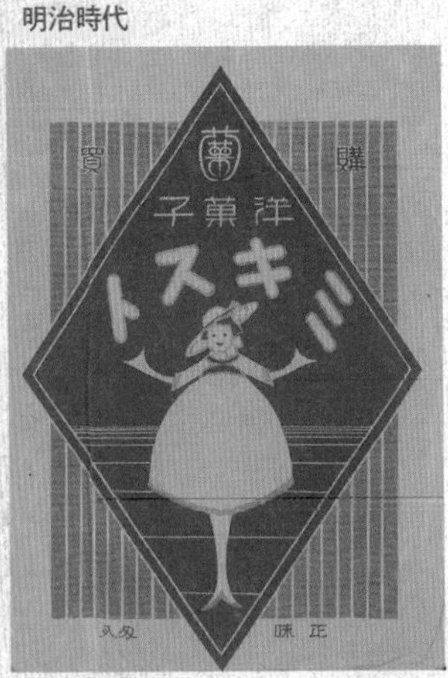

昭和初期

昭和47～48年頃

竹下のフロレットは永い間の経験と努力、そして技術と研究に依り精選された砂糖及び馬鈴薯澱粉を主原料として最高の菓子ですから、滋養に富みカロリー高きものとして御子様始め好評を博しております。

竹下製菓では明治時代から『ミキスト』という名称で製造。1949（昭和24）年頃には現在の商品スタイルに。花びら型をモチーフとしたとも、バナナの形に似せたともいわれる。

凍らせてもおいしい！
大人にはサワーもおススメ

ミナツネのあんずボー　東京

港常

昔は常温が普通だったが、今は凍らせて食べるのが一般的に。シャリシャリとした食感も心地よい。

自然天日で乾燥させたあんずの果肉がたっぷり入って、甘酸っぱくておいしい味の『あんずボー』。首都圏では駄菓子の定番としておなじみの味だ。港常では、昭和30年代から製造・販売を開始。当初は、ポリエチレンの袋に手作業であんず果肉とシロップを充填し、金具で袋の口を止めていたが、昭和40年代より現在の形状になった。

東京の下町・浅草の人情味あふれる社風が垣間見える

昭和30年代初頭

（左）浅草芝崎町（現在の西浅草）にて集団就職で入社した社員たち。（下）昭和30年代後半の本社工場前。

黄色に映えるあんずのイラスト

大容量の箱入りは紙の箱（上）ではなくなったが、特徴的なデザインはそのまま、プラパッケージで20本入りも販売。

コンビニでも定番となった
鹿児島県発祥のカラフルなアイス

白熊 鹿児島
天文館むじゃき

店内で食べられるだけでなく、お持ち帰りできるテイクアウト用のパックも人気。

かき氷に練乳をかけ、ミカンやパインなどのフルーツやあずきをトッピングした、鹿児島県発祥の『白熊』。1947（昭和22）年、「天文館むじゃき」の創始者の考案で誕生。味やトッピングに改良を重ね、今の『白熊』のベースが完成した。たっぷりかかったミルクや蜜は秘伝の自家製。レシピは同社でも限られた身内しか知らない。

誕生当時の「白熊」を再現

毎年6月に限定販売される「なつかしろくま」。見た目はシンプルだが中には具材がぎっしり！

昭和30年代

戦後間もない時期に考案された『白熊』は、1949（昭和24）年に販売を開始した。昭和30年代当時の宣伝カー（上）には「全国名物氷界の横綱」のキャッチコピーが。（右）当時の店頭風景。

「氷界の横綱」のコピーで
元祖『白熊』をアピール

アヒルのマークでおなじみの 和歌山発、緑のソフトクリーム

グリーンソフト 和歌山

玉林園

包み紙を取ると
フタ付き！

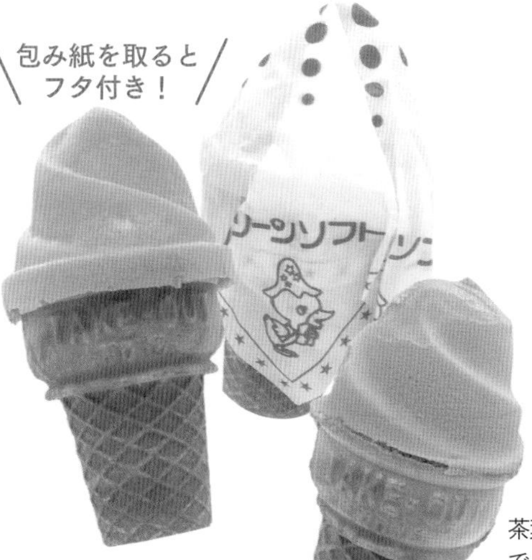

ビニールの包装を開けると、中にもかわいらしいアヒルがデザインされた紙の包みが。さらにアイス部分にはフタが被せられている。

茶葉を石臼で挽き粒子を細かくすることで、なめらかで苦味の少ない味に仕上げた『グリーンソフト』。同名のアイスは各地にあるが、江戸時代に創業したお茶の老舗「玉林園」が、1958（昭和33）年に発売したのが日本初。店頭ではソフトタイプも提供。こちらのハードタイプとそれぞれ、「やらかいの」「かたいの」の通称で県民に親しまれている。

白いソフトクリームすら 珍しかった時代に初登場！

昭和39年

（上）軽食なども提供する昭和時代の「グリーンコーナー」。当時は本店に併設され、軽外食業として拡大。（左）今と違い、絞って固めたような形の昔の『グリーンソフト』。

こちらも人気の
ほうじ茶 ver.

ほうじ茶の味もしっかりと感じられる、お茶屋さんならではの豊かな風味と、香ばしくあっさりとした甘さで人気。

戦後間もなくミナミで誕生した人情味あふれるアイスキャンデー

アイスキャンデー **大阪**

北極

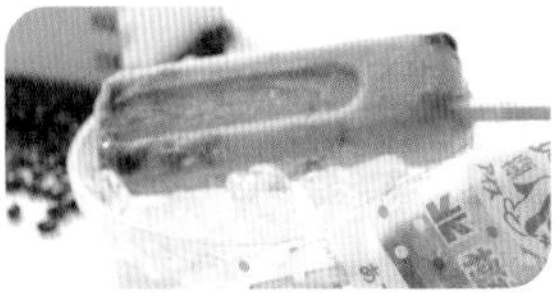

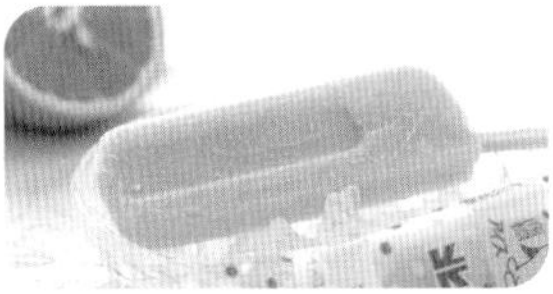

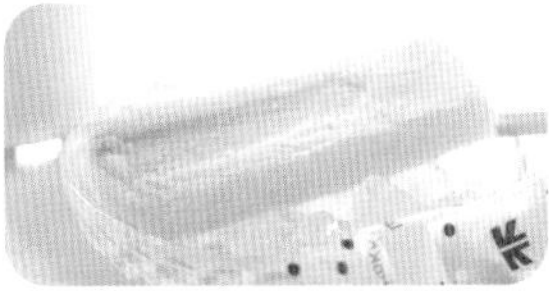

大阪・ミナミのど真ん中「戎橋筋商店街」に店を構える「北極」。一番人気の「ミルク」をはじめ、100％北海道産使用の「あずき」など、サクサク食感でやさしい味が特徴。創業は1945（昭和20）年、初代店主が「子どもや女性にだけでも冷たくておいしいアイスキャンディーを」と、当時貴重だった砂糖を使い格安で販売したのがはじまりだ。

懐かしテレビCM

動画のCMがまだ珍しい1953（昭和28）年に関西ローカルで放送されていた。「♪北極の〜アイスキャンディー〜みんな大好き〜」

アイスキャンデーだけじゃない 喫茶店を兼ねたかつてのビル

昭和30年〜平成10年頃

アイスキャンデー専門店になる前の北極ビル。地下に工場を構えた建物で、1階と2階は喫茶店として営業。当時は洋菓子や和菓子も提供していた。

昭和29年から変わらぬ製法！名物豚まんと並んで大人気

アイスキャンデー　大阪

551 HORAI

豚まんで有名な「551HORAI」が、夏場の売り上げ確保のため、1954（昭和29）年に発売した『アイスキャンデー』。レトロ感あふれるパッケージで、「ミルク味」「アズキ」「チョコ」「フルーツ」「抹茶」「パイン」の6種が基本の味。豚まん同様、作りだめしないできたての味にこだわり、今では年間に1000万本を売り上げる人気商品だ。

目印はシロクマのイッちゃん！昭和時代にはソフトクリームも!?

昭和32年

昭和38年

初代　昭和44年　平成16年

1957（昭和32）年頃に登場したシロクマのキャラクターの名前はイッちゃん。551HORAIの『アイスキャンデー』の顔として、時代とともに進化してきた。

昭和33年

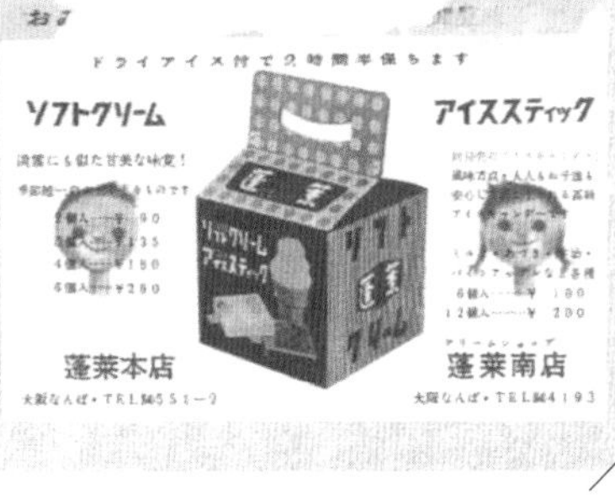

昭和43年

かつてはソフトクリームやシャーベットなどを販売していたこともあったが、最も人気だった『アイスキャンデー』が残り、現在の定番となった。

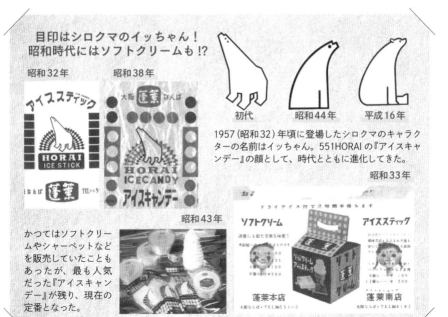

シンプルで懐かしい味は まるでショートケーキ

パリジャン 愛知

パリジャン

ふわふわのスポンジで生クリームを包んだシンプルな洋菓子。片手のひらにおさまりそうな大きさに、淡い色のスポンジもかわいらしい。

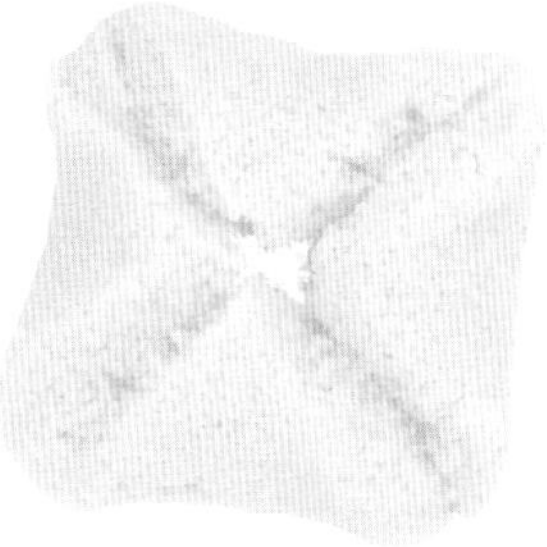

やさしい甘さのクリームとしっとりやわらかなスポンジが絶妙な、ショートケーキを思わせる懐かしい味。愛知県内では、主に洋菓子店で販売されているメジャーなおやつだが、商品名は店によってさまざま。『パリジャン』は、その原型を作った元祖の店。1975（昭和50）年の創業時から、他店が真似できない独自の製法でおいしさを届けている。

町のオシャレな洋菓子店 真心を込めたお菓子をどうぞ

昭和50年代

昭和50年代後半の店舗風景。看板や外観、店内の様子もオシャレ洋菓子店の雰囲気に満ちている。蟹江店のオープンは1982（昭和57）年。

平成生まれの ロングセラー！

メレンゲ生地にチョコレートを合わせたプチケーキ。口の中でとろける食感も楽しい、濃厚で上品な味わい。

チーズ饅頭の元祖！
宮崎を代表する銘菓に

チーズ饅頭 宮崎
風月堂

スコーン風の皮の中にはクリームチーズがぎっしり。一つひとつ丁寧に手作業で作られ、多いときには1日1万個製造するそう。

サクサクとした食感の生地とクリームチーズの芳醇な風味が特徴の『チーズ饅頭』。洋菓子の素材を和菓子にできないかと試行錯誤の末、「風月堂」が3年余りの開発期間を経て、1986（昭和61）年に作り上げた。『チーズ饅頭』は発売されるや評判となり、今では宮崎を代表する銘菓として約250もの店舗が自慢の味を競い合うまでに。

「風月堂」懐かしの店舗風景

昭和30年代～50年代

菓子の卸業「伊藤商店」（上）として1930（昭和5）年に創業し、1962（昭和37）年に「風月堂」を開業。（左）1975（昭和50）年頃の「風月堂」。

贈答用におすすめ 10個入りも！

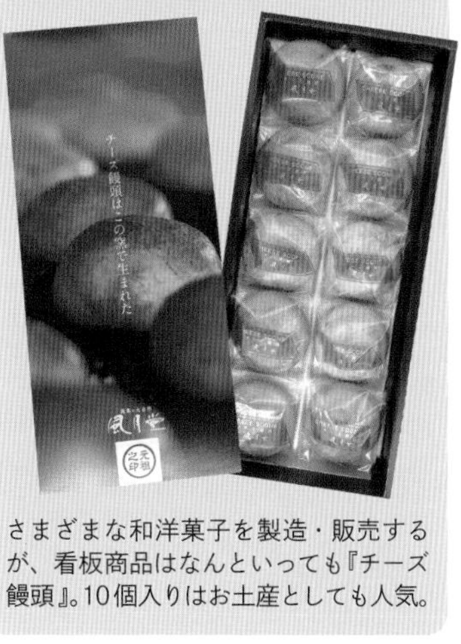

さまざまな和洋菓子を製造・販売するが、看板商品はなんといっても『チーズ饅頭』。10個入りはお土産としても人気。

宇都宮市民の定番おやつ
手作りこだわりドーナツ

あん入りドーナツ　栃木

本橋製菓

ジャリジャリとした食感の砂糖は、粒の異なる数種類をブレンド。あんは、なめらかなこしあんで甘みもしっかり。牛乳と一緒にどうぞ！

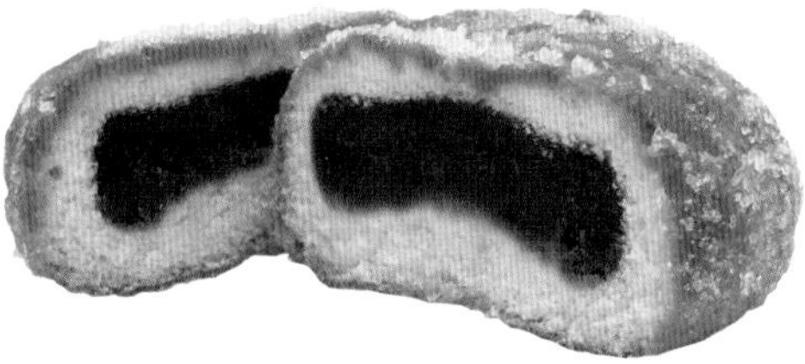

しっとりとやわらかく、香ばしいドーナツ生地にたっぷりまぶされた砂糖。生地の中には、毎朝炊き上げる風味豊かなこしあん。本橋製菓の『あんドーナツ』は、約50年前から同じ製法・レシピで作られている宇都宮市民の定番おやつだ。1日に製造する数量も限定し、仕込みや仕上げは当時と同じ手作業で、「昔ながらの味」を守り続ける。

自社工場を宇都宮に移転し「あんドーナツ」作り一筋へ

昭和50年頃

昭和30年頃に東京で創業。その後、宇都宮市に移転し『あんドーナツ』を開発。この当時は毎日2000袋分くらいの生地を仕込んでいたようだ。

黒ごまも登場！こちらも人気

あん入り黒ごまドーナツ

生地にごまを練り込み、揚げた後の黒ごまが香ばしい。砂糖をまぶしていないため香りがさらに引き立つあっさりした味。

夕張市民はみんな大好き！
シナモン香るあんドーナツ

シナモンドーナツ 北海道

うさぎや

パッケージを開ける前からシナモンの香りがするほど香り高い。直径5cmほどで、甘いものが苦手な人でも2～3個すぐに食べられる。

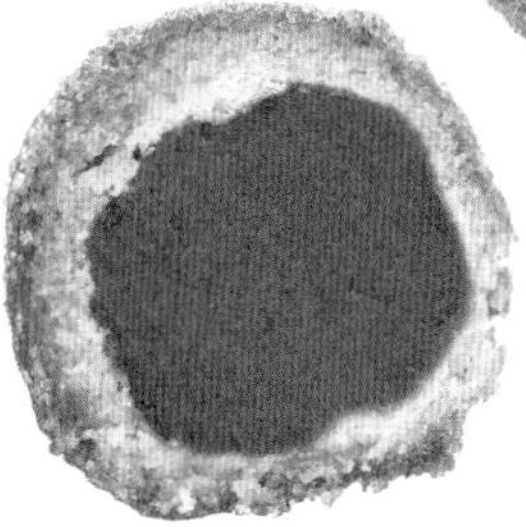

甘さは控えめで素朴な味わいの『シナモンドーナツ』。表面の砂糖やシナモンはジャリっとした食感で、しっとりとした生地の中にはあんがたっぷり。ドーナツを販売した当初は砂糖のみをまぶしたものだったが、見た目の色付けや防腐剤の役割として、昭和50年代初頭からシナモンを使用。発売当初から味・形・製法は変わらない。

あっさりと軽い白あんも人気

練乳を練り込んである「白あん」は、うさぎや店舗のみで前日までの予約販売（5～10月は市内一部でも販売）。

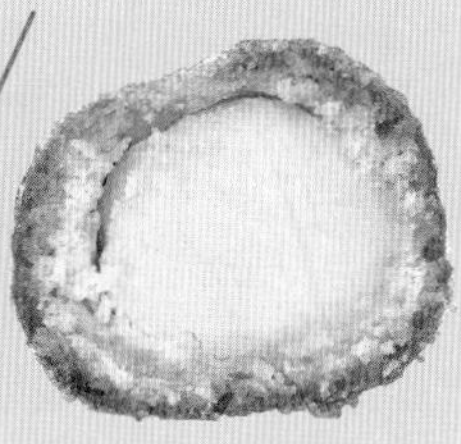

昭和6年創業のうさぎや歴史を感じる店構え

昭和50年代

炭坑の街で昭和初期から店舗を構え、各種お菓子を製造・販売するうさぎや。夕張名物『シナモンドーナツ』も店頭ではバラ売りしている。

うさぎや店内に置かれた振り子時計や、昔ながらのレジなどにも歴史の重みを感じる。夕張観光の際にはぜひ訪れたい。

琉球王朝時代の宮廷菓子を模した、黒糖香る焼き菓子

タンナファクルー　沖縄

丸玉

黒糖の香り高い菓子。「お客様への感謝の気持ちを伝えたい」と、沖縄の習慣である「シーブン（おまけ）」を1枚付けた、一袋11個入りで販売。

1950年代

国際通りの旧店舗

『タンナファクルー』は1887（明治20）年に誕生した。写真は米軍統治時代の1950年代、那覇市牧志の国際通りにあった店舗。

琉球王朝時代の高価な宮廷菓子、光餅（クンペン）の代用品として首里真和志町で生まれた、パンとクッキーの間のような焼き菓子。黒糖、小麦粉、卵で作った素朴な味で、沖縄の人々に親しまれている。一風変わった商品名は、色黒だった創業者のあだ名に由来し、方言で色黒を表す「クルー」と、家名「玉那覇（タンナファ）」を合わせたもの。

昔も今もすべて人の手で

力のいる生地こね、手間のかかる型抜きなど、すべての工程を手作業で行うのは、創業当時からの味を守るためのこだわり。

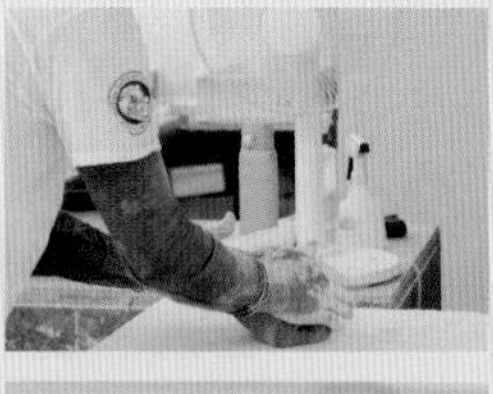

ご当地おやつのデザインギャラリー ①

歴史を感させじる重厚な雰囲気のロゴや、モダンな雰囲気をまとったシャレたデザインの装飾、愛嬌のあるかわいらしいキャラクター ...etc. どこかレトロで素朴な味わいがある、オリジナリティあふれるデザインをピックアップ！

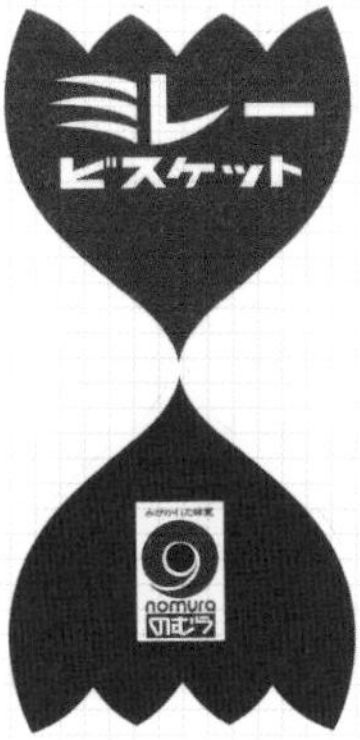

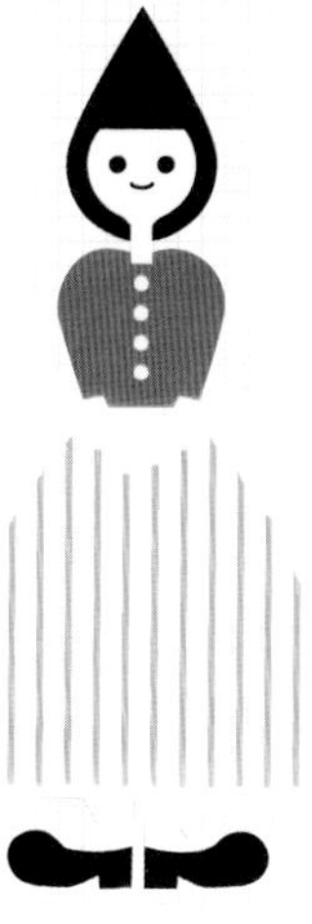

甲州銘菓
栗せんべい

こんぶ飴

しるこ

静岡
お茶羊羹

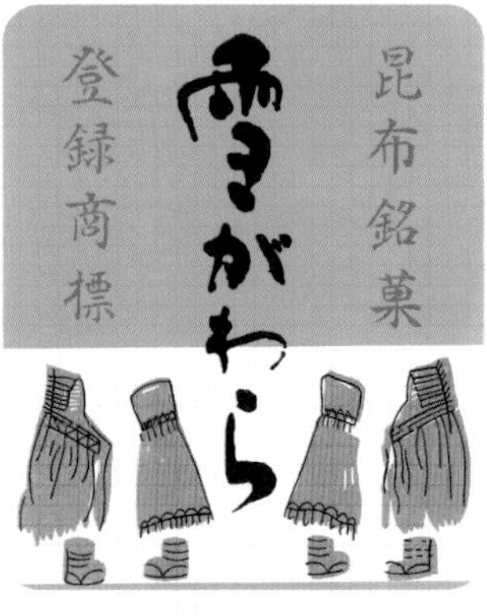
昆布銘菓
雪がわら
登録商標

NEW
ハイミックス
HI-MIX

特製
バター煎餅
川渋菓製

おにぎり

六甲花吹雪

からいも飴

ナニワのソフト
こんぶ飴

シガーフライ

長門の鶏卵せんべい

ロングサラダ

ラッキー
チェリー豆

あんずボー

ミニ特集②

郷土おやつコレクション47

お菓子に限らず広い意味での「おやつ」として、47 都道府県で食べられている伝統的な“郷土おやつ”を1点ずつピックアップしてご紹介。南北に長く、四季のある国、日本。そのバラエティ豊かな食文化の一端に触れてみよう。

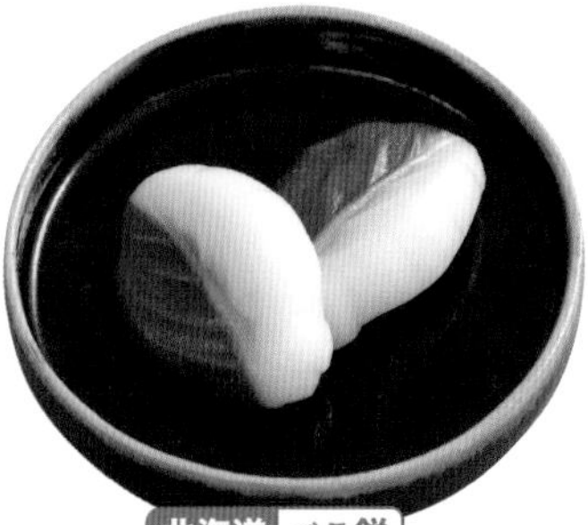

北海道　べこ餅

白と黒の２色からなり、木の葉の形と模様が特徴的。北海道では、端午の節句の際に食べる餅として定番。

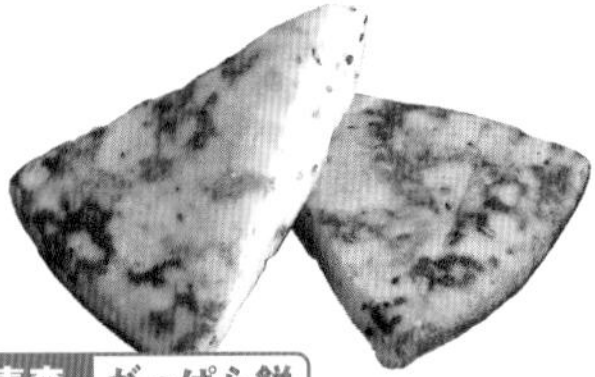

青森　がっぱら餅

米粉や冷やご飯に、砂糖と塩、ごまを入れ水を加えてのばし、両面を焼いたもの。もちもちとした食感。

岩手　がんづき

小麦粉、砂糖、卵に重曹と酢を加えて蒸した菓子。ごまやくるみが入りもっちりした食感。農作業の合間の間食や日常的なおやつとして食べられている。黒砂糖を使った「黒がんづき」と白砂糖を使った「白がんづき」がある。

宮城　いちじくの甘露煮

宮城県南地区で栽培される加工用の青いいちじく「ブルンスウィック」を、水と砂糖とレモン汁で煮詰めたもの。

秋田　おやき

もち米やもち粉で作った皮にあんが入ったおやつ。祝い事でも食べられ、各家庭で現在も手作りされている。

ファストフード感覚!?
団子のようなこんにゃく

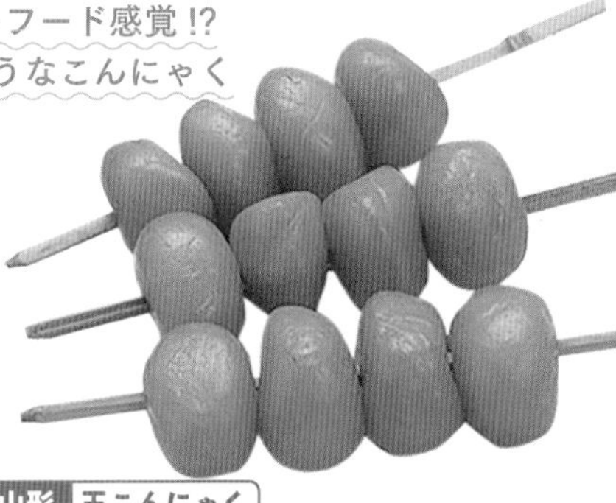

山形　玉こんにゃく

球状のこんにゃくを醤油などで煮たもの。祭りや観光地、お花見、イベントなどで串に刺さって売られ、練り辛子を付けて食べることが多い。年中食べられるソウルフードで、地元スーパーには味付け前の玉こんにゃくもあり、各家庭でも作られる。

福島　じゅうねんぼた餅

福島県で「じゅうねん」と呼ばれる「えごま」を煎ってすり、砂糖と塩で味付け。それを丸めたもち米に絡めたもの。

新潟　笹団子

殺菌作用がある笹の葉に団子を包み、スゲなどの紐で結んだおやつ。戦国時代には携行保存食とされていたとも伝わる。

茨城　干し芋

さつまいもを蒸して薄く切り、干して乾燥させたおやつ。茨城県は、干しいもの生産量で全国１位を誇る。

埼玉　ゼリーフライ

おからとジャガイモをベースに、ニンジンやネギなどの野菜を混ぜたものを揚げた料理。ソースにくぐらせて仕上げる。小判のような形から、かつて「銭フライ」と呼ばれていたが、それが変化し今の名になったとされる。

群馬　焼きまんじゅう

小麦の生産が盛んな群馬県の、小麦粉を使った代表的なまんじゅう。串刺しにし、甘い味噌ダレを塗って焼いたもの。

もんじゃのルーツは駄菓子屋おやつだった！

東京　もんじゃ焼き

言わずと知れた、東京名物・もんじゃ焼き。江戸時代末期、月島の駄菓子屋で手頃なおやつとして売られていたのがはじまりとされる。現在でも、数は少ないが都内の駄菓子屋などで、子ども向けのおやつとしても提供される。

栃木　焼き餅

残りご飯に小麦粉と味噌、具材を入れてこね合わせて焼いた餅。県内では蒸したり茹でたりする地域もある。

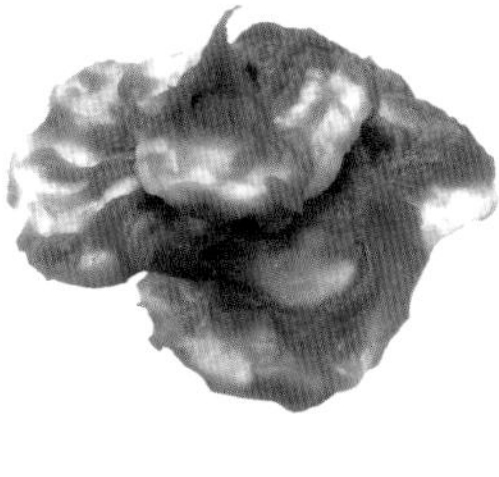

神奈川　へらへら団子

小麦粉と白玉粉の平たい団子にあんをからめた餅。漁業の道具、箆（へら）に似ているからなど、名の由来は諸説あり。

千葉　ゆで落花生

畑から採れたての生の落花生からしか作ることができない、落花生生産量で全国１位の千葉ならではのおやつ。

石川　えびす

煮溶かした寒天に溶き卵と砂糖、醤油を入れ固めた料理。地域により「べろべろ」「はやべし」とも呼ばれる。

山梨　月の雫

山梨のぶどうを代表する品種、甲州ぶどうの粒を砂糖の蜜でコーティングした菓子。江戸時代末期にはすでに甲州銘菓とされていた。

富山　焼き付け

もち粉によもぎの若芽を合わせてこね、焼き上げた餅。味噌と砂糖、生姜汁を混ぜた味噌ダレを乗せて食べる。

愛知　鬼まんじゅう

戦後の食糧難の時代、入手しやすいさつま芋と小麦粉で作られ広まった。ゴツゴツした見た目からこの名に。

いろんな具材で楽しめる 家庭でも作る信州名物

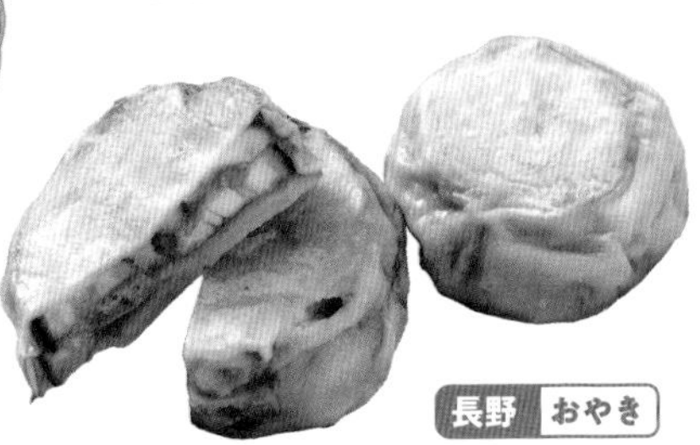

長野　おやき

小麦粉と蕎麦粉を、水または湯で溶いて練り、薄くのばした生地にあんや野菜などを包んで焼いた、信州を代表する郷土料理。生地の材料や「焼く」「蒸す」などの調理法は、地域や家庭ごとに異なり、具材も千差万別。

福井　とびつき団子

赤飯にも使われるササゲ（大角豆）を餅にまぶした団子。ササゲが餅に飛びついたように見えるためこの名に。

岐阜　みそぎ団子

米粉の生地であんを包み串に刺し、甘い味噌ダレを付けて焼いた菓子。無病息災を願うみそぎ神事からこの名に。

静岡　安倍川餅

つきたての餅に砂糖ときな粉をまぶした静岡県の中部地域の郷土料理。県内に流れる安倍川にちなんで名付けられた。

滋賀　幸福豆

米粉か小麦粉に、砂糖、塩を混ぜ水で溶き、煎った大豆を加えて焼いたおやつ。農作業の合間によく食べられていた。

兵庫　明石焼

小麦粉にじん粉、卵とだし汁を混ぜた生地にタコを入れて焼いた明石市の郷土料理。たこ焼きに似ているが、ソースではなく、かつおや昆布のだし汁につける。「玉子焼き」とも呼ばれ、昼食やおやつに食べられる。

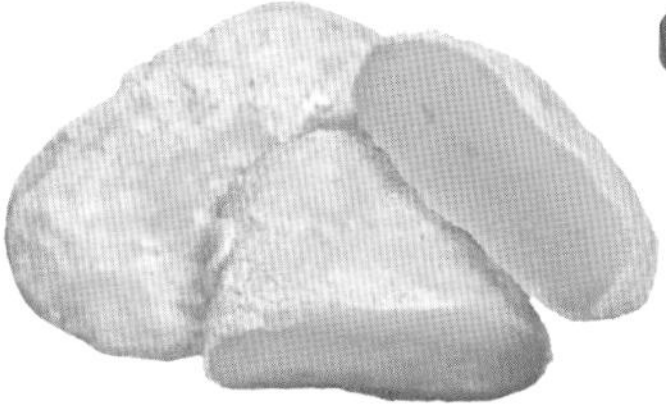

和歌山　みかん餅

日本屈指のみかん生産地、和歌山県のおやつ。みかんをもち米の上に乗せて蒸し、皮を剥きもち米と一緒についた餅。

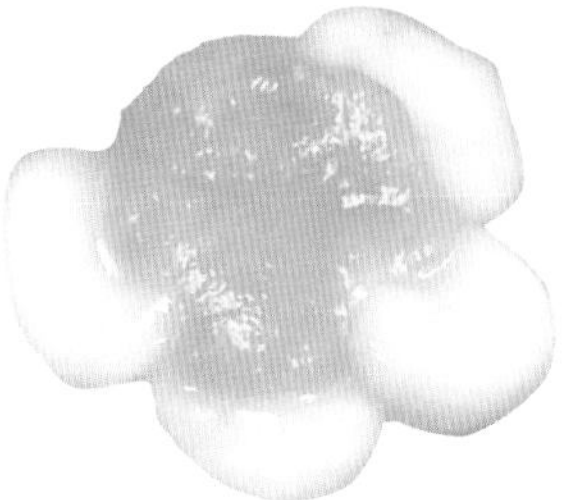

大阪　くるみ餅

枝豆で作った鶯色のあんで餅をくるんでいることから、「くるみ餅」と名が付いた。クルミは使われていない。

京都　水無月

白いういろうの上に小豆を乗せ、三角形に切った郷土菓子。平安時代に氷の形を模して作られたのがはじまりとされる。

三重　ないしょ餅

杵と臼を使わず鍋の中で蒸したもち米とうるち米をついて作る。近所に配らずに内緒で食べていたことが名前の由来。

貴重な蕨粉を使った珍しい高級和菓子

ワラビの根に含まれるデンプンから作られる蕨粉に、砂糖や水を入れて火にかけ、焦がさないように練り混ぜて作る。蕨粉は希少価値が高く、高級和菓子店でも本蕨粉を使う店は少ないといわれている。

奈良　蕨餅

鳥取　おいり

残ったご飯を水洗いし、天日干しした乾飯を炒って水飴と絡めたのがはじまり。食べ物を無駄にしない文化の産物。

広島 いが餅

甘いあんをもち米や米粉で作った皮で包み、色を付けたもち米を乗せて蒸す。もちもちとつぶつぶ、2つの食感が楽しめる。

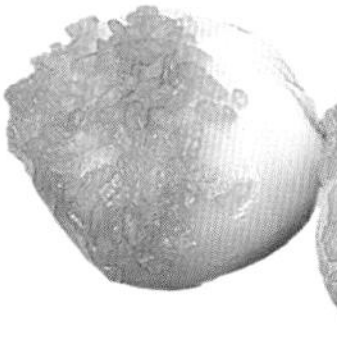

島根 かしわ餅

島根県ではかしわではなくサルトリイバラの葉で包んだものが根付いている。端午の節句に県内全域で作られる。

山口 夏みかん菓子

山口県の県花でもある、夏みかんが原料。皮を薄く削り短冊状に切って茹で、濃い砂糖水で煮詰めた後、グラニュー糖をまぶす。家庭で簡単に作れるおやつとして、夏みかんが収穫される4～6月に作られている。

岡山 柚餅子

蒸したもち粉に刻んだ柚子の皮と水あめを加え、練りながら煮詰めた菓子。江戸時代から連綿と受け継がれてきた。

徳島 ほたようかん

徳島の方言では空洞を「ほた」と呼び、スポンジのような蒸しパン風の見た目から命名された。色は黒糖由来。

高知 半夏団子

半夏とは7月2日のことで、農繁期を過ぎた時期などに、労をねぎらい食べられた。ミョウガの葉に包まれ、あんこ入り。

小麦粉の生地とあんで 鳴門のうず潮を表現

香川 うずまき餅

徳島県鳴門市との県境に位置する引田地域に伝わる、鳴門の海を表した菓子。小麦粉とあんでうずまきを表現。引田ではひなまつりの際、子どもの健やかな成長を願って雛飾りの菱餅などと同様に飾り、食べる風習がある。

愛媛 タルト

特産の柚子が入ったあんを、カステラ生地で巻いたロールケーキのようなお菓子。江戸時代より作られる伝統菓子。

佐賀　ゆでだご

「ゆでだんご」がなまった言葉で「茹でタコ」ではない。小麦粉と黒砂糖でできた、農作業の合間のおやつ。

福岡　ふなやき

小麦粉を水で溶き塩味を付けて焼き、黒砂糖の小片を包んで丸めた料理。高菜や味噌を入れることも。

熊本　とじこ豆

白砂糖や黒砂糖が入った小麦粉の生地で、大豆をとじこめたことから命名。現在ではピーナッツ入りが一般的。

大分　ゆで餅

小麦粉の生地であんを包んで丸め、棒で薄くのばして茹でたもの。中のあんが透けて見えるほど薄いのが特徴。

鹿児島　あくまき

木や竹の灰からとったアクに浸したもち米を、竹の皮で包みアクで煮込んだもの。きなこや砂糖をかけて食べる。

宮崎　いりこ餅

もち米とうるち米を炒ってから臼でひき、砂糖や水、塩などを加えてこねて作った餅。炒った米から作るためこの名に。

沖縄　サーターアンダーギー

沖縄ドーナツとも呼ばれ、花が咲いたような形が特徴。小麦粉と卵、砂糖でできた生地を油で揚げたおやつで、暑い沖縄でも日持ちがいい。沖縄の方言で「サーター」は砂糖、「アンダ」は油、「アギ」は揚げるという意味。

喫茶店でおなじみ 長崎の定番スイーツ

長崎　ミルクセーキ

大正末期から昭和初期に長崎市で誕生。九州初の喫茶店『ツル茶ん』が、砕いた氷を入れたミルクセーキを作ったのがはじまりとされ、現在では長崎名物の「食べるミルクセーキ」として全国的に有名。家庭でも作られている。

まだまだある！
ご当地おやつ大集合!!

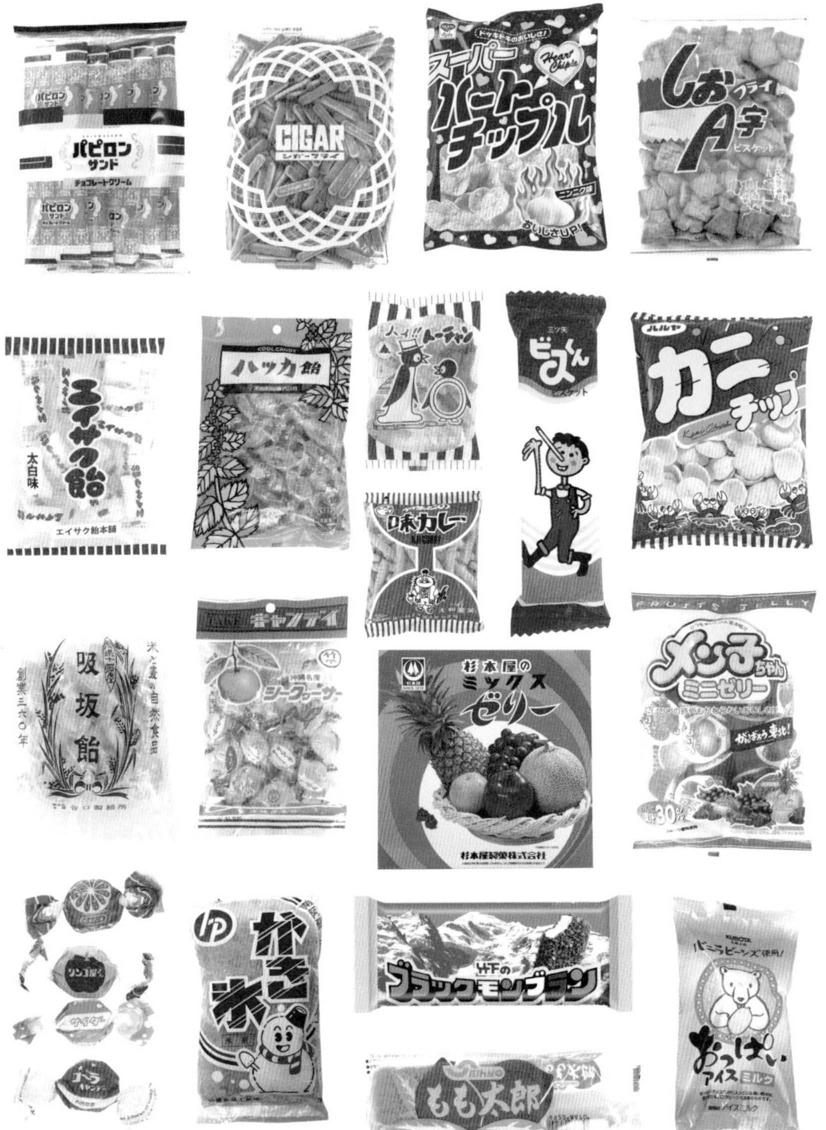

ビスケット、あめ、せんべい …etc. よく知るお菓子でも、地域によってひと味違うご当地おやつがいっぱい！ 定番のジャンルから、見たこともないような個性派までが勢揃い !!

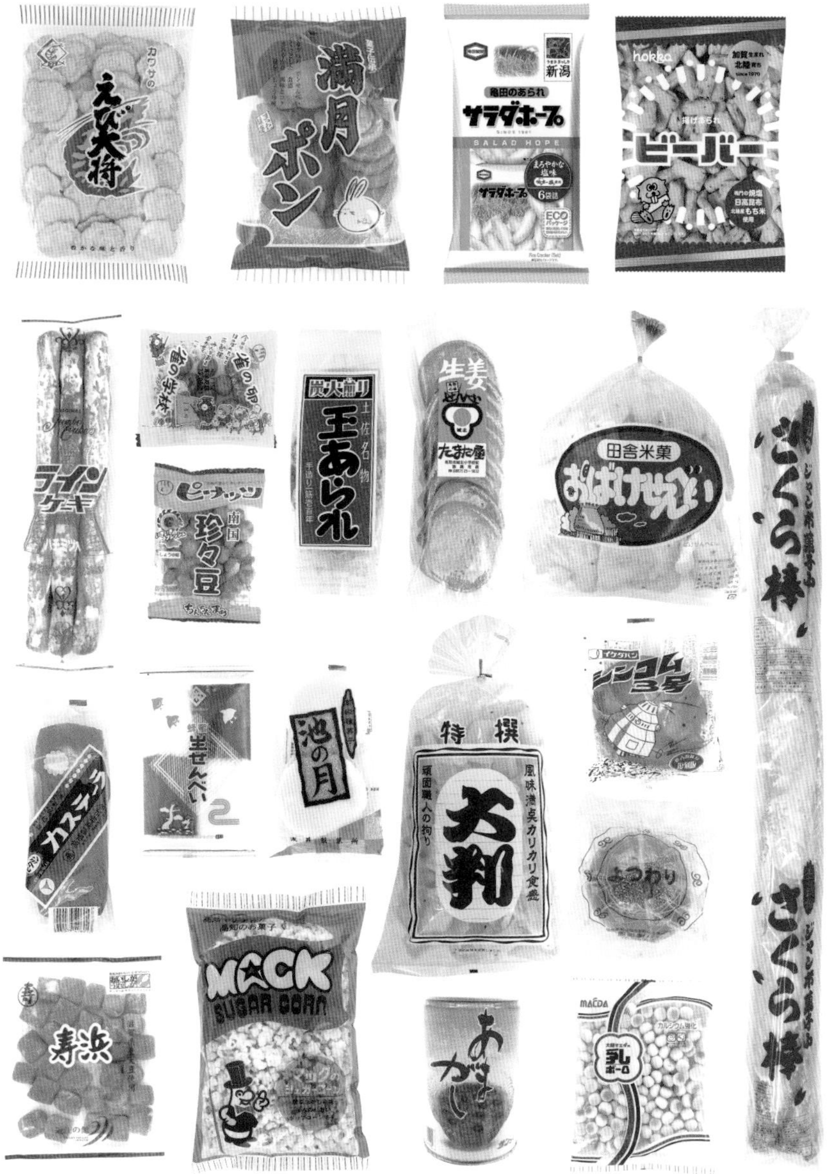

北海道民の定番といえば 愛称“坂ビスケット”

しおA字フライ

北海道

坂栄養食品

上質な生地を使い焼き上げたソフトな食感のビスケット。ほどよい塩味とサクッとした歯ざわりがどこか懐かしい、昔ながらのおいしさ。発売当時、ビスケットといえば丸や四角といったシンプルな形のものばかりだった。そこで、特徴のある変化に富んだ形をと考案して誕生。ロングセラー商品として、道民の親子三世代に親しまれている。

発売当初は「英字」だった！

旧パッケージ

『英字フライ』という商品名で1955(昭和30)年に発売。「アルファベットの形にちなんだ表記にしては」というアイデアが出て、1983(昭和58)年に「A字」に変更。

“お徳用”サイズにミニサイズまで!

ミニサイズから大容量までラインナップ。「おいしいビスケットを食べながら、楽しくアルファベットも覚えた」との声もある。

ビールのつまみとして誕生

サッポロビールクラッカー 北海道

坂栄養食品

ビール樽デザインのパッケージも！

『サッポロビールクラッカー 新樽』という商品名でビール樽をイメージし、外容器を紙に変更。星のデザインは、やはり欠かせない。

サッポロビールと共同開発。ひと口サイズの塩味クラッカーとピーナッツの入った塩味の豆の２つの味が楽しめ、ビールのつまみに最適。1982（昭和57）年の発売で、全国各地で行われる北海道フェアでも人気の商品。

クリームが高級な時代に登場

ラインサンド 北海道

坂栄養食品

旧パッケージ

商品名のロゴが現在はアーチ型になったが、それ以外のデザインは発売当初から変わらない。

クリーミーなバニラクリームをサンドした縦長ビスケット。1952（昭和27）年発売のロングセラー商品だ。発売時、クリームは高級品であったが、幅広い層の消費者に食べてもらいたいと発売。食べやすいひと口サイズ。

磯の香りとアルファベット
意外な組み合わせ!

英字ビス のり風味　長野

米玉堂食品

カリッとした食感に、磯の風味が香る和洋折衷のおいしさ。「洋」のお菓子・ビスケットに、「和」の食材・海苔(あおさ)を練り込み、塩を効かせた味で、甘くなく、飽きずに食べ続けられる。長野県・辰野町で1903(明治36)年に創業した米玉堂食品の『釜焼びすけっと さと味うす塩あじ』と並ぶ看板商品だ。関東甲信越、東海エリアで販売中。

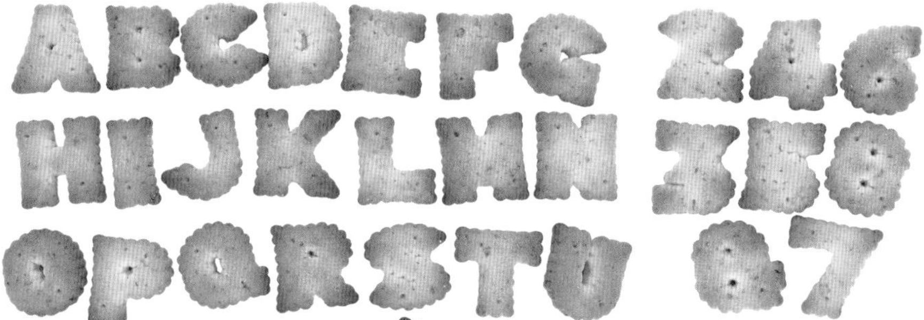
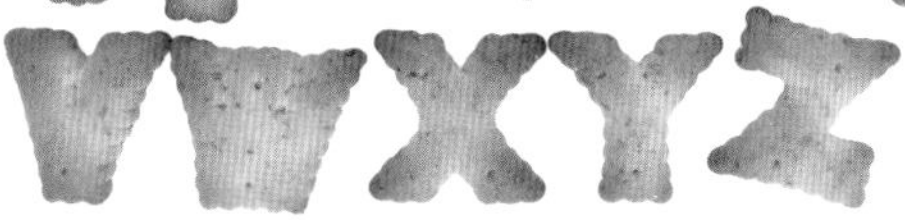

アルファベットだけでなく数字も入っているため、いろんな英文が作成できる。ちびっ子から大人まで楽しめる、不動の人気商品。

長いオーブンで焼き上げる香ばしいビスケット!

成形された生地は、約50mの長いオーブンの中をベルトに乗せられ、5分から10分ほどかけておいしいビスケットに焼き上げられる。

ガンマンとピノキオ風キャラが目印 人気の塩味ビスケット

ビスくん 愛知

三ツ矢製菓

スティックタイプで食べやすい、カリッとした食感のビスケット『ビスくん』。発売から50年以上というロングセラーで、当初から形も味も変わらない。ビスケットのサクサク感と、甘さを引き立てる塩味で人気だ。『ビスくん』はビスケットの商品名で、パッケージに描かれたガンマンとピノキオ風のキャラの名前や愛称ではない。

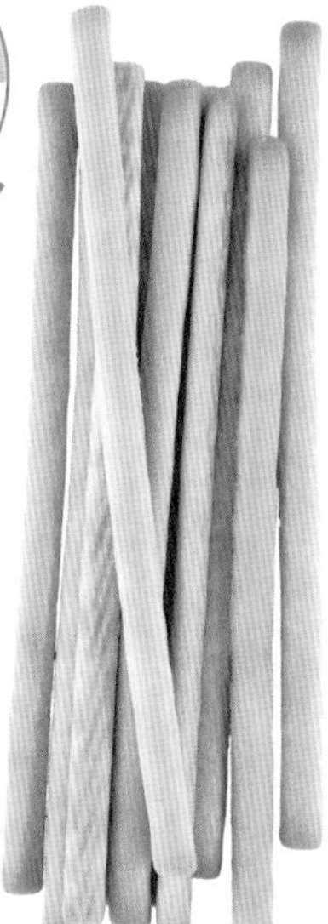

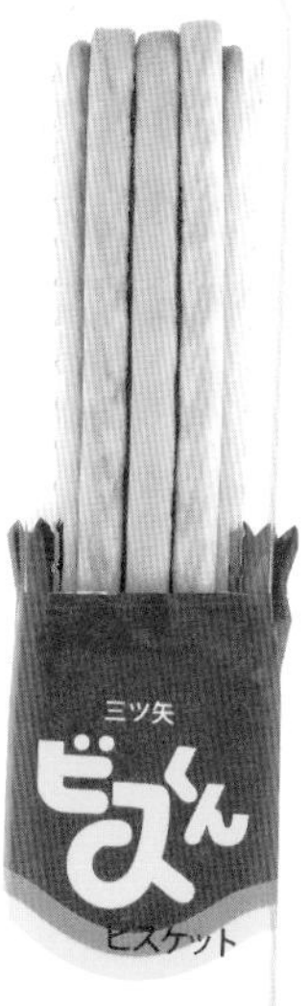

駄菓子屋の定番『18ｇ ビスくん』のほか、『ミニビスくん ビスケット』（上）や『140ｇ ビスくん』（右）などのシリーズもある。

昭和時代の『ゼリービンズ』

旧ラインナップ

平成初期に終売。1962（昭和37）年にビスケットの生産を始める前までは、飴やゼリービンズなどを作っていた。

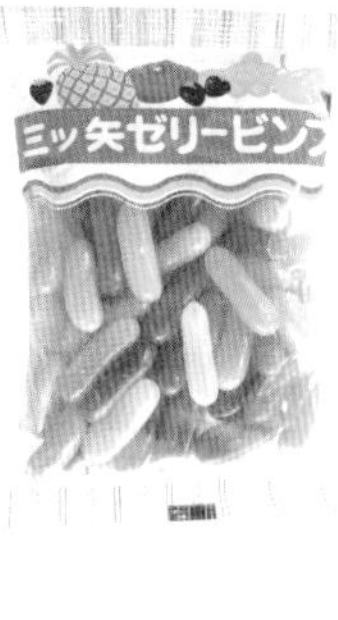

「8の字」型の静岡の定番おやつ

8の字 静岡
カクゼン桑名屋

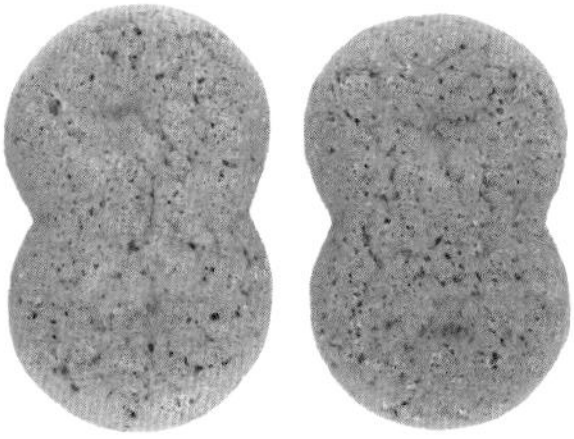

80年以上変わらぬおいしさ

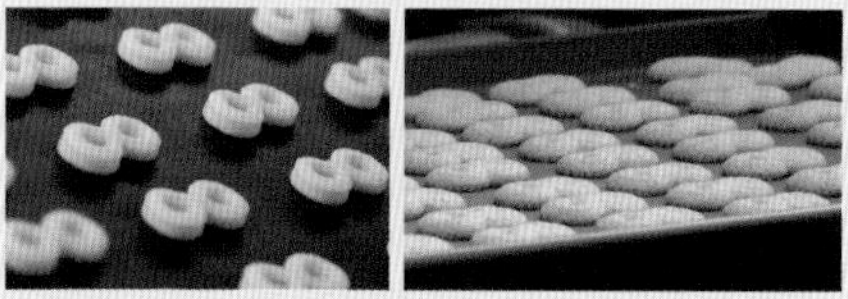

歴史あるおいしさを守りながら、ほうじ茶やいちご味、クッキータイプなど種類豊富な味を展開している。

サクッとした軽い歯ごたえで、口の中でふわっとほどけ、あっさりとした甘みが広がるサブレのような「ぼうろ」。大正末期の駄菓子『めがね』を改良し、商品名も『8の字』に変更。シンプルな昔ながらの香ばしい味だ。

サクサクの伝統的な焼き菓子

そばぼうろ 京都
平和製菓

CMに登場した京美人と『そばぼうろ』

『そばぼうろ』を持って微笑む女性はかつて放送していたローカルCMの出演者。和服の京美人と伝統あるお菓子のイメージがマッチ。

サクサクとした歯ざわりと、風味豊かで口どけのよい伝統的な焼菓子。平和製菓の『そばぼうろ』は、原材料に水を使わず、成形が行えるギリギリまで卵を配合することで食感がよりソフトに。素朴な風味があとを引く。

上品なバニラクリームたっぷり

クリームパピロ　長野

小宮山製菓

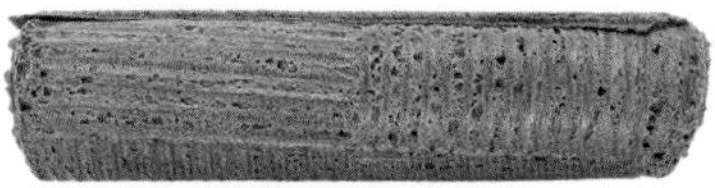

小麦せんべいの香ばしさと上品なバニラクリームが調和。ポリポリとした食感とクリームのふわふわ加減が口の中で広がる。

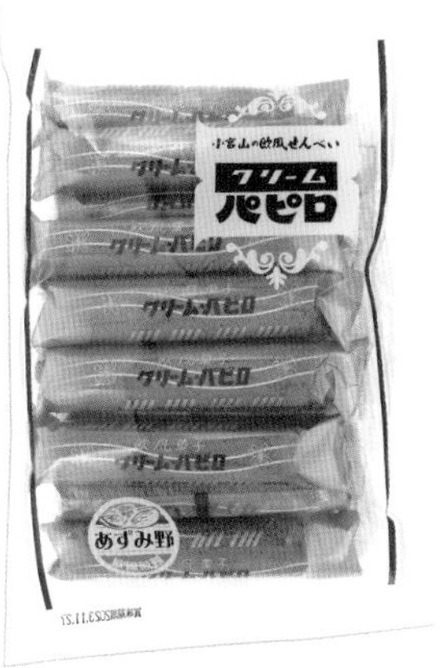

小麦粉を原料にしたせんべいを薄く巻き上げ、甘さを抑えたバニラクリームを注入した『クリームパピロ』。現在は自動化されているが、1966（昭和41）年の発売当時は、焼き上がった熱いせんべい1枚1枚を手で筒状の形に巻いていたという。

ホワイトクリームを2層にサンド

サラバンド　長野

小宮山製菓

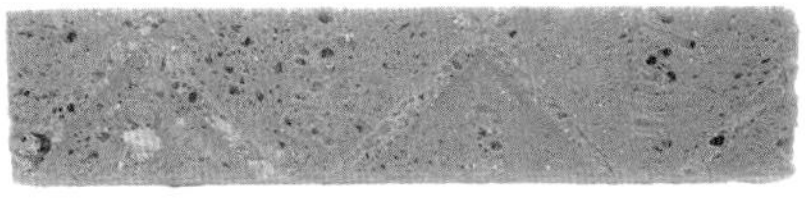

3枚のせんべいとホワイトクリームでできたお菓子。3拍子のスペインの優雅な舞曲から、『サラバンド』という商品名に。

小麦粉せんべいをホワイトクリームで2層にサンド。1970（昭和45）年の発売以来、せんべいの香ばしさと、甘さを抑えたクリームの口どけのよさで人気。小宮山製菓では、焼き菓子ではなく、「欧風せんべい」と呼ぶ。

なめらかクリームをサンド

パピロンサンド　長野

シアワセドー

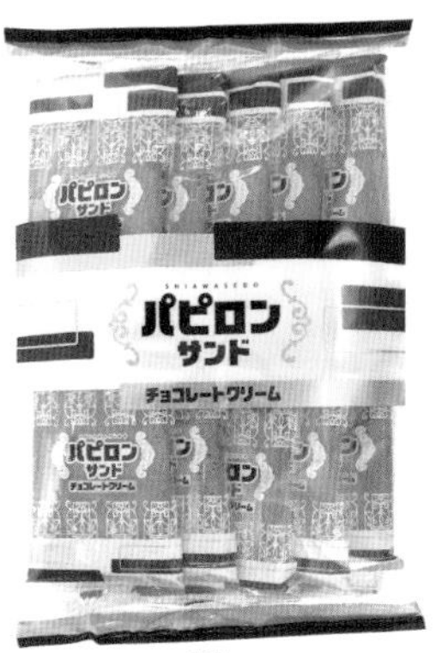

旧パッケージ

シアワセドーの「幸」から「さっちゃん」という名の女の子がデザインされていた、ピーナツクリーム時代のパッケージ。

パリッと香ばしく焼き上げた小麦粉せんべいに、やさしい甘みとなめらかな口当たりのチョコクリームをサンドしたお菓子。当初はピーナツクリームだったが、数年前からチョコレートクリームに。九州や大阪でも人気。

小麦粉のおいしさと香ばしさ!

シガーフライ　石川

北陸製菓

旧パッケージ

2014（平成26）年まで使用していたパッケージのロゴデザイン。「CIGAR」「シガーフライ」の部分は今も継承されている。

1950年代発売の『シガーフライ』は、軽い塩味の効いたスティックタイプのビスケット。昔からの製法で作った生地を高温のオーブンで焼いているため、サクッとした食感で、小麦粉本来のおいしさと香ばしさが楽しめる。

ハートチップル　茨城

リスカ

パンチの効いたニンニク味！

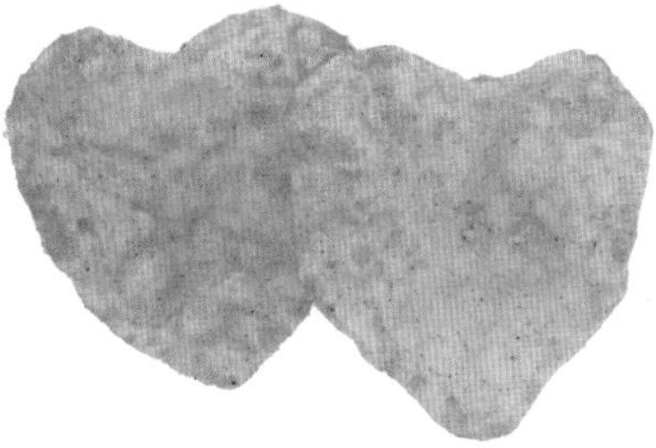

平成14年頃

旧パッケージ

食の欧米化が進みガーリック人気を予見して開発、1973（昭和48）年に発売された。真っ赤なパッケージになってからも久しい。

ハート型の見た目に反して味は強烈。限界に挑むかのような濃いニンニクの風味とサクサクの食感がクセになる、ニンニク好きにはたまらないスナック菓子。発売当初は学校近くの駄菓子屋などでも販売していた。

ミレーフライ　愛知

渡由製菓

素朴な味の定番ビスケット

「MIRE」の文字がオシャレ

ほんのり甘いハード食感のビスケットを菜種油に浸けて揚げる、昔ながらの製法。ビスケットの表面には、『MIRE』の刻印。

カリッとかたい食感と、甘さと塩気が絶妙なバランスの『ミレーフライ』。サクサク軽く香ばしい、飽きのこない素朴な味のビスケットだ。1933（昭和8）年創業の渡由食品では、1960（昭和35）年から定番の味を作り続けている。

カニ風味のサクサク食感！ ピンク色のかわいいスナック

カニチップ 岐阜

ハル屋

40年前のレシピを忠実に守り続けて

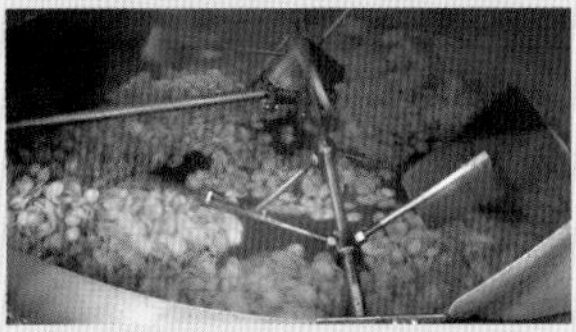

生地の乾燥具合とフライ具合が絶妙。カニパウダーの隠し味に、粉末しろ醤油を使っているのもポイント。

袋を開けると漂うカニの風味、ほどよく塩味の効いた軽い食感がおいしいスナック。1981（昭和56）年頃、通称「カニチップ」として発売も売れ行きは振るわず。その後、試行錯誤を重ねる中で「カニパウダー」を採用し、現在の『カニチップ』が誕生した。ピンク色のかわいらしいスナックは、今や東海地方のスーパーなどの定番お菓子だ。

旧パッケージ

左は初代、右は2代目のパッケージ。かわいいカニは登場せず、シンプルなデザインだ。

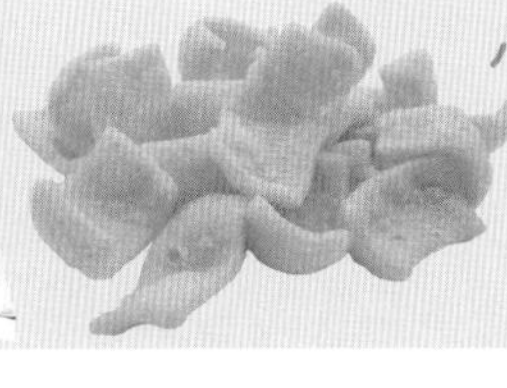

ハル屋が復活させた静岡の味！

2019（平成31）年、静岡の製造元の廃業で販売終了した『チーズあられ』。そのレシピを引き継いだハル屋が味を再現して製造・販売。

10円だからペンギンの姿も「10」

ハイ!! トーチャン 愛知

ミリオン製菓

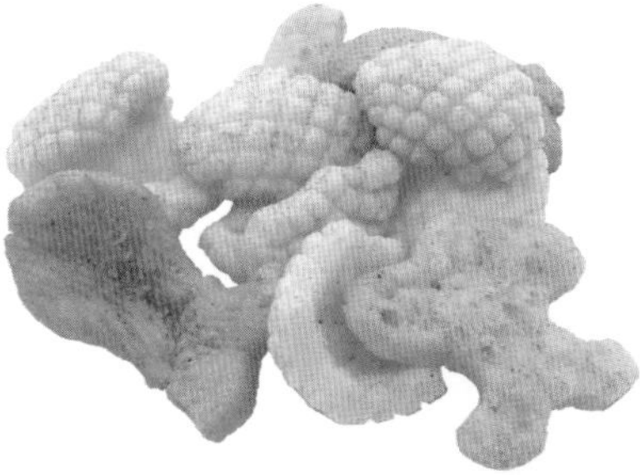

16種のスパイスで変わらない味付け

1959（昭和34）年に、前身となる『カレーあられ』が誕生。秘伝のスパイスと甘味料をブレンドした味付けは当時から変わらない。

サクサク食感の懐かしいカレー味。当初は駄菓子屋で瓶に入ったカップ売りで「当たりは2カップ」などのくじ付きだった。1970（昭和45）年に、値段の10円に由来した「とお（10）ちゃん」が付いた商品名で発売。

昔ながらの色と形 そのモチーフは …?

特徴的な生地の形も『カレーあられ』時代から変わらない。黄色は亀の甲羅、オレンジは鯛、緑は飛行機がモチーフ。

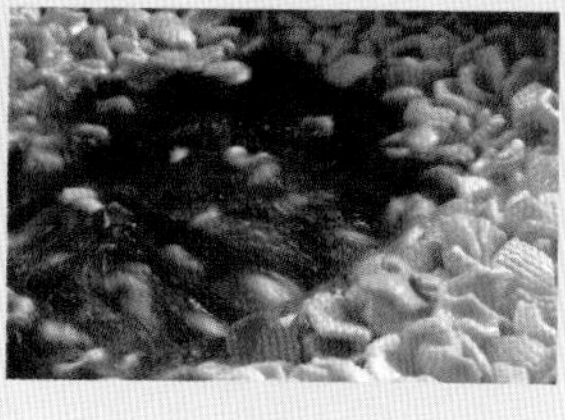

レシピを知るのはたった１人

味カレー 長崎

大和製菓

ピリッとくる、やや辛めの風味がたまらない。長崎・佐世保で誕生し、60年以上にわたり大和製菓の看板商品となっている。1960（昭和35）年の誕生当時、カレー味の商品は珍しく、商品名と社名を合わせこの名になった。

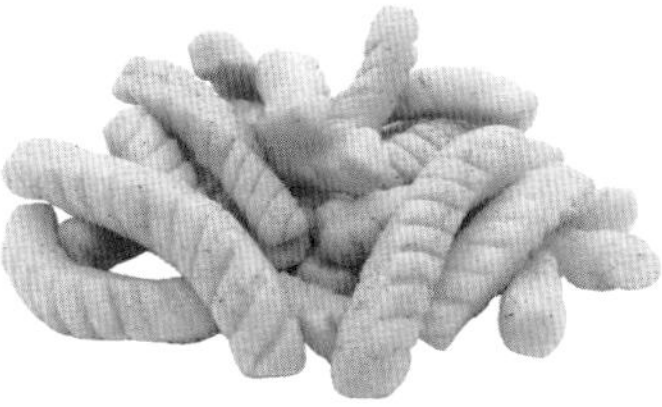

スパイスは自社製で、しかもたった１人の職人しか製造方法は知らない、門外不出のレシピ。

黍？ 吉備？ 起備団合？

『きびだんご』のはじまりとは？

取材・文／小林良介

桃太郎が腰に付けていた「きびだんご」。その起源は、はたしてどこにあるのだろうか。黍（きび）から作られたから「黍団子」、吉備の国で誕生したから「吉備団子」、はたまた大正時代には「起備団合」という言葉もあったようで…。

岡山　きびだんご（廣榮堂）

江戸時代後期、黍の代わりにもち米を使い、当時は貴重だった上白糖と水飴を混ぜてやわらかい求肥にし、風味付けに黍粉を加えたのが、現在につながる「きびだんご」の原型。1993（平成5）年には、絵本作家・五味太郎氏のイラストデザインによるパッケージが誕生した。

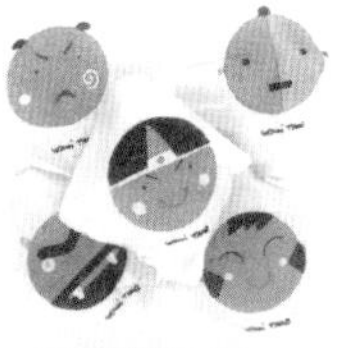

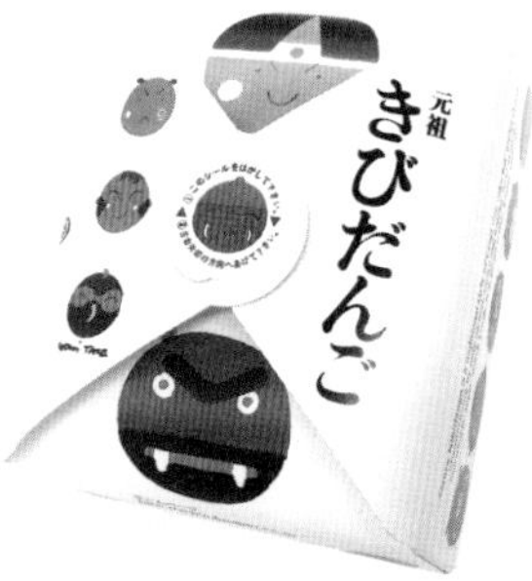

『元祖』のほかに、現在は黒糖を使用した『黒糖きびだんご』や『海塩』『きなこ』『白桃』などバリエーションも豊富。土産として人気を博し、またオンラインショップでも購入可能。

童謡「桃太郎」でおなじみの「きびだんご」。その由来や味は異なるが、この名の菓子は、日本全国に存在する。元々、イネ科の一年草〝黍〟で作った「黍団子」は、昔からどこでも食べられていた。一方、現在の岡山県名物となっている「吉備団子」の起源は、岡山市北区に建つ「吉備津神社」にあるとする説が有力だ。この神社に古くから供えられていたのが、黍団子。１８５６（安政３）年、岡山城下の和菓子屋、廣瀬屋（現・廣榮堂）の初代が池田藩の家老に教えを受けて創作したと伝えられている。そして江戸時代後期、お茶菓子として、また旅の友にもなるよう、日持ちをよくするために改良。これを池田藩に献上したところ、藩主が〝岡山を代表する銘菓〟として認めたのだった。また吉備津神社は、孝霊天皇の皇子で軍神と称えられる吉備津彦命がこの地に陣を構え鬼退治したとされ、桃太郎伝説の元にもなっている。

一方、北海道では開拓にあたった屯田兵の携帯食として食べられており、大正時代「事が起きる前に備え団結して助け合う」という彼らの精神から「起備団合」として発売された。

北海道 日本一きびだんご（谷田製菓）

北海道開拓の精神と関東大震災の復興を願い「起備団合」の名称で1923（大正12）年に発売。麦芽水飴、砂糖、生あん、もち米の厳選された天然の原料だけを使用。きびだんごの色はこの麦芽水飴と生あんの天然色だ。

もち米を石臼で細かく挽き、蒸気で餅にするのが、なめらかな舌触りの秘密。あんは十勝産の豆を使用。これらを蒸気で温めながら、砂糖、水飴と混ぜ合わせる。

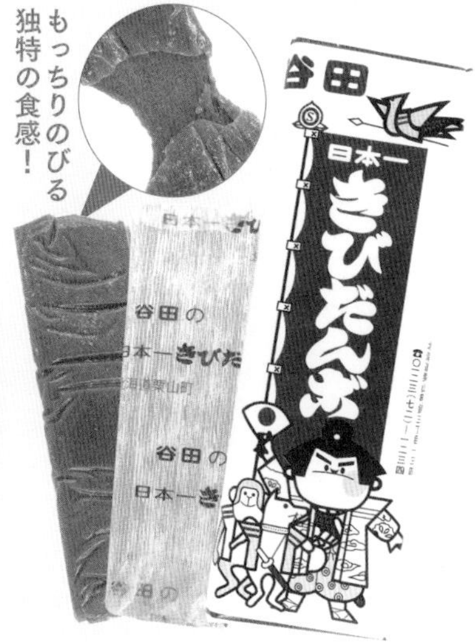

北海道 きびだんご（天狗堂宝船）

水飴、砂糖、小麦粉、もち粉、あんなどを原料に、北海道銘菓として道民に親しまれてきた昔ながらの味。岡山などほかの地域とは、異なる原料、製法で作られている。また、節分限定商品として、チョコ味の『鬼たいじチョコきびだんご』も作られている。

きびだんご攪拌鍋で、もち粉や砂糖、水飴などの原材料を混ぜ合わせた生地を切断した後に、オブラートで包む。

愛知 犬山銘菓きびだんご（厳骨庵）

愛知県犬山市の木曽川沿岸には桃太郎誕生地伝説があり、桃をご神体とした桃太郎神社が建ち、観光名所となっている。この神社にちなんで厳骨庵が考案した犬山銘菓。自家製きな粉の風味が活きる、やわらかい食感が持ち味。

創業170余年の歴史あるお店。沖縄産の黒砂糖が主原料の砂糖菓子『犬山げんこつ』も人気。

ハッカの一大産地・北見 その地で誕生した美しい飴

ハッカ飴 北海道

永田製飴

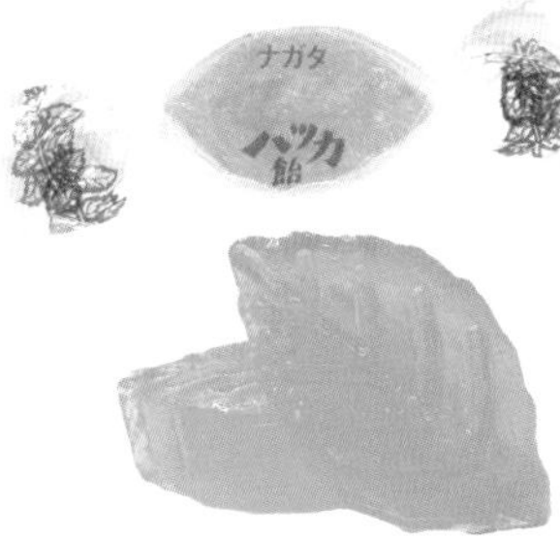

ハッカの葉をかたどった形、オホーツクの海の「オホーツクブルー」のような透き通った青色も美しい飴だ。

～平成30年

旧パッケージ

現在よりもハッカの葉の色がグリーンだった。1973（昭和48）年には、全国菓子大博覧会で農林大臣賞受賞。

北海道・北見地方は、昭和の初期頃までハッカの生産高が世界一だった。この北見の特産品だったハッカを原材料に使用したのが『ハッカ飴』だ。1921（大正10）年創業の永田製飴では、昭和20年代後半から北見の地で『ハッカ飴』を商品化。スースーとした爽快感があり、ミントの風味が香る飴は北海道の涼味として人気だ。

1956（昭和31）年頃、新年が明けてからはじめて商品を出荷（初荷）する際の写真と思われる。前列一番右に座っているのが3代目社長。

こちらも人気のロングセラー

岩壁飴

北海道の有名観光地である峡谷・層雲峡。石狩川沿いに延々24kmにわたって続く、層雲峡の断崖絶壁。その岩壁を模した『岩壁飴』も人気。

酪農大国・北海道の味!

牛乳飴 北海道

永田製飴

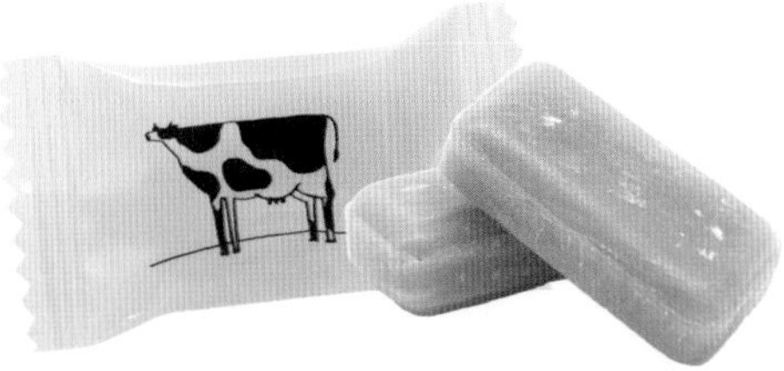

やさしいミルクの香りと練乳の甘さが疲れを癒す、幸せの味。『ハッカ飴』と同じく、永田製飴が昭和20年代後半に発売した。飴メーカーとしての長年にわたる経験と技術により誕生した、北海道のイメージにピッタリな、乳製品を豊富に使用したおいしいキャンディー。キャラメルにも似ているが飴である。

旧パッケージ

〜平成23年

平成23年〜令和3年

酪農大国・北海道ならではの飴だけに、歴代パッケージにも牛の姿は欠かせない。発売当時から変わらぬ味を守り続けている。

流氷を飴でリアルに表現

流氷飴 北海道

永田製飴

大きな飴を砕いているため、個包装ではなく、大きさもあえてバラバラ。スースー感はなく、ほんのり甘い。

冬のオホーツクに押し寄せる流氷をイメージした『流氷飴』。ほろりとした甘さが口いっぱいに広がる。1955(昭和30)年、網走市から委託され、試作を重ねて本物の流氷に近い色と形を実現した。

沖縄定番の爽やかな柑橘飴

シークヮーサー飴 沖縄

竹製菓

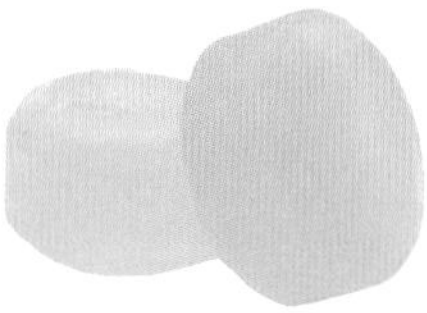

沖縄県産のシークヮーサー果汁を使用。酸っぱさと涼味を活かしたキャンディー。ほんのり苦味も感じるリアルな味わい。創業90年以上の老舗で、1972(昭和47)年より飴専門に。沖縄ならではの素材を使った飴作りにこだわる。

のどあめも!

シークヮーサー果汁がたっぷり!

写真提供:沖縄市

原料を煮て真空窯で圧縮、果汁を混ぜて作られる。今でも手作業の部分はあるが、県内でいち早く機械を導入し、形の揃った飴を量産している。

変わらぬ製法で素朴な味

黒糖飴/黒糖のどあめ 沖縄

竹製菓

黒糖を使用したやさしい味わいの『黒糖飴』。やや大きめで濃厚な黒糖の風味をゆっくり味わえる。これにハーブ油を加えたのが『黒糖のどあめ』。スーッと爽やかで、のどにまろやか。いずれも懐かしくて素朴な味わいだ。

『黒糖飴』は1974(昭和49)年、『黒糖のど飴』は1983(昭和58)年に発売の定番商品。

大きな粒のやわらかな飴！

エイサク飴　岩手

チダエー

まろやかな砂糖の甘みに、香ばしい醤油が効いた醤油味が一番人気。当初は今の倍以上の大きさだったという。

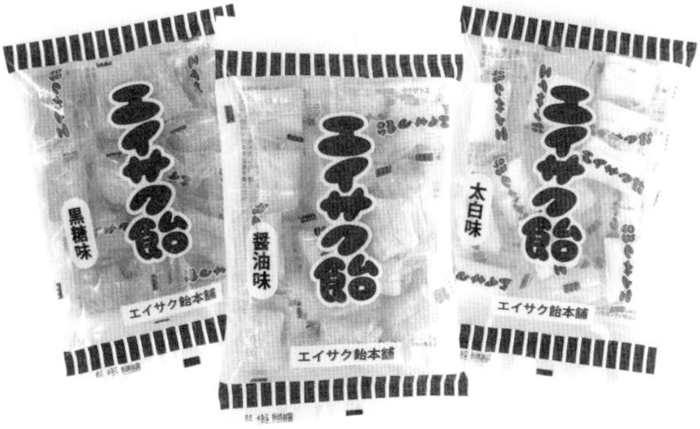

直火焚きの引き飴ならではのやわらかさと、粒の大きさで評判の『エイサク飴』。1931（昭和6）年の発売当初から、太白味、醤油味、黒糖味の3種類が定番。大きな飴は旨味もたっぷりで、一粒でも大満足のおいしさだ。

加賀の郷土が育んだ伝統の味

吸坂飴　石川

谷口製飴所

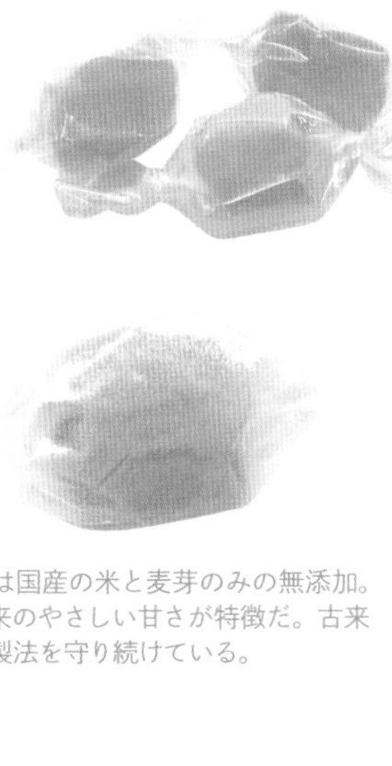

原材料は国産の米と麦芽のみの無添加。自然由来のやさしい甘さが特徴だ。古来の伝統製法を守り続けている。

まろやかな甘みと香ばしい風味を感じるやわらかな飴。その昔、石川県・吸坂村には27軒の飴屋があり、地名からその名が付いたとのこと。現在『吸坂飴』を製造・販売するのは、1631（寛永8）年創業の谷口製飴所のみだ。

ザラメをまとった素朴な味

みぞれ玉 三重

松屋製菓

ぷちみぞれ玉

旧パッケージ

発売当時は20個＋1個のおまけ付き。デザインのベースは今もほぼ変わらない。2018（平成30）年には小粒タイプの「ぷち」も登場。

昭和61年

縁日や駄菓子屋で食べた大玉の飴を身近に、いろいろな味が楽しめるようにと1986（昭和61）年に発売。いちご、グレープなど6種類の素朴な味が郷愁を誘う。独特の香ばしい風味を出すために、高温直火焚きの製法にこだわる。

レトロなキャンディー包みも魅力！

おおだまミックス 和歌山

川口製菓

カラフルな飴に、コーラ、サイダー、みかん、リンゴ、レモンの、それぞれの味をイメージさせる包みのデザインも楽しい。

仕事や勉強など、口さみしいとき、長い時間食べられるようにと開発された、大粒でボリュームあるアソートキャンディー。1982（昭和57）年の発売当時は8種の味だったが、現在は5種。時節に合わせて味は入れ代わる。

サイコロ型のかわいいゼリー

ハイミックスゼリー 愛知

杉本屋製菓

カラフルな透明感のある色合い、サイコロのような形もかわいらしい『ハイミックスゼリー』。あっさりとやさしい甘みのゼリーは、歯切れのいい食感で飽きのこない味だ。発売は1969（昭和44）年、地元では贈答品としても人気。

旧パッケージ

発売当初は「ハイミックス」と「ミックス」で、配合、個包装など中身のゼリーに違いがあった。昭和時代にはかわいいフルーツのイラストも。

昭和53年

昭和50年

昭和50年

フルーティーで豊かな風味

ミックスゼリー 愛知

金城製菓

フルーティーで爽やかな香りと豊かな味わいの寒天ゼリー。『フルーツポンチ』の名称で1951（昭和26）年に登場。当時は量り売りもされていたが、1976（昭和51）年から現在の商品名となり、徐々に袋入りが中心に。

東北弁の「めんこい」が語源
「かわいい」ミニゼリー

メン子ちゃんミニゼリー　宮城

アキヤマ

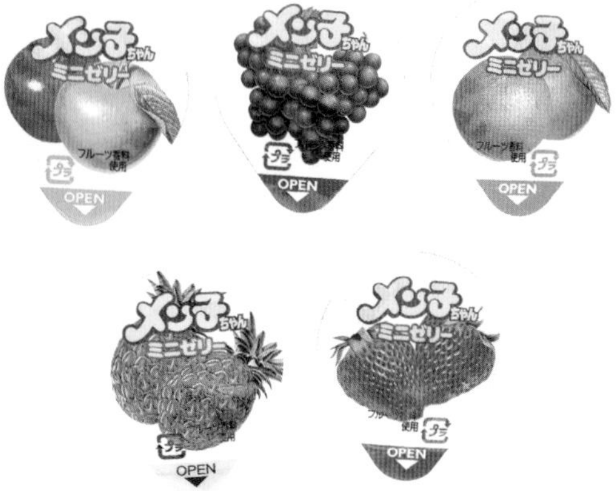

カラフルでかわいらしい、ひと口サイズのカップ入りゼリー『メン子ちゃんミニゼリー』。1981（昭和56）年の発売だが、元々の製造会社が2008（平成20）年に経営破たん。同じ年、「メン子ちゃんの味を守る」ために、同社の元社員の有志がアキヤマを設立し、このゼリーを引き継いだ。今も東北人のソウルフードとして大人気だ。

発売当初から変わらない高品質で濃厚なおいしさのゼリー。リンゴ果汁を30％使用し、香料と着色料で5種類の味を展開している。

昭和56年

昭和58年

平成3年

旧パッケージ

歴代の懐かしいパッケージをご紹介。味と同じで、現在も昔のパッケージデザインを大事に受け継いでいるのがわかる。

ザクザク食感のいちご味かき氷バー

もも太郎 新潟

セイヒョー

氷の粒がたっぷり入ったザクザク食感のかき氷棒アイス。セイヒョーは1916（大正5）年創業の老舗製氷会社。砕いた氷にシロップを混ぜて凍結させることで完成する食感には、専門メーカーならではの技術力が詰まっている。

あと味さっぱりのいちご味。新潟のコンビニで冷凍ショーケースをのぞけば必ずといっていいほど出会える。6本入りのマルチパックも。

とろけるいちご果肉ソースが魅力！

ビバリッチ 新潟

セイヒョー

いちご味のアイスの中に、とろりと甘いいちごソースが入ったアイス。元は1997（平成9）年終売の、東北で長年愛されたソウルアイス『ビバオール』。のちにセイヒョーが復刻させ、さらに進化を遂げて現在の『ビバリッチ』に。

長年愛された味を受け継ぎ進化

その名を引き継いだ『ビバオール』（左）は販売終了。その進化版の『ビバリッチ』は、いちごの果肉ソースを加えるなど、コクのある味わい。

バニラ＋チョコ＋クランチの絶妙な組み合わせ！

ブラックモンブラン 佐賀

竹下製菓

さっぱりとしたバニラアイスが、チョコとクッキークランチをまとった、ザックザク食感の棒アイス。九州では定番のロングセラーアイスだ。発売は1969（昭和44）年で、その商品名は、前会長がアルプス山脈の最高峰モンブランを目の前にしたとき「この真っ白い山にチョコレートをかけて食べたら、さぞおいしいだろう」と思ったことからネーミング。

旧パッケージ 真っ白いモンブランの背景とロゴのイメージは昔から変わらない。いろいろなキャンペーンも盛んで、「当たり付き」も人気の理由の一つだ。

昭和61年

昭和63年

平成元年

「ラミー・ド」「グラッセ・ド」「ダブル」まで！シリーズ商品もいろいろあった！

昭和61年

2本に分けられるタイプのアイスバーが流行した時代に登場した『ダブルモンブラン』のほか、ラムレーズン入りやガナッシュチョコバージョンもあった。

昭和50年頃

丁寧に炊いた自家製あんが決め手！

花まんじゅう 高知

久保田食品

初代

旧パッケージ

発売当初のデザインや色使いもレトロなパッケージは、現在も踏襲されている。1981（昭和56）年発売以来の、ロングセラー商品だ。

100％十勝産のあずきを大釜で丁寧に炊き、甘さ控えめに仕上げた自家製あんと、軽い味わいのミルク風アイスの相性が抜群！ 1959（昭和34）年創業の久保田食品のアイスは、県民に「久保田のアイス」として親しまれている。

バニラビーンズ入りの本格派

おっぱいアイス 高知

久保田食品

初代

旧パッケージ

初代パッケージ。今とは印象が異なるが、水色で斜めに入ったストライプがなんとも涼しげだ。ゴム容器入りはもちろん当時も同じ。

懐かしさあふれる素朴なゴム容器入りアイス。見た目はかわいらしいが、中身はバニラビーンズの香りあふれる本格派。まろやかな味わいで、添加物は不使用。先端を切って食べるが、溶かしすぎるとあふれ出るため要注意。

多品種少量生産で次々と商品を開発

創業者の「自分でおいしいアイスを作ってみたい」という挑戦から始まった「久保田のアイス」は、多品種少量生産がコンセプト。

九州おなじみ！ミルクセーキ味

ミルクック 佐賀
竹下製菓

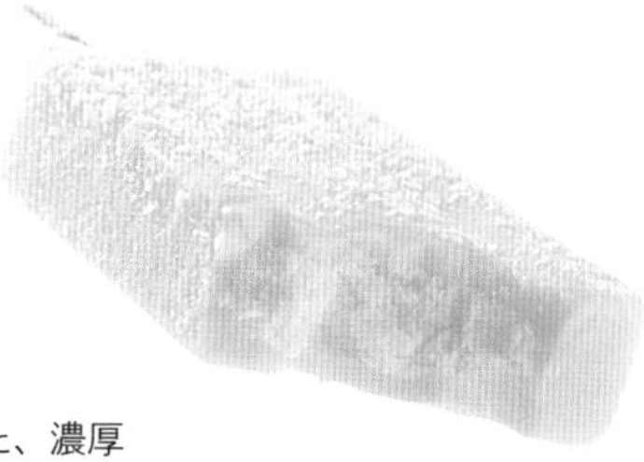

ザクザクの氷の粒と、とろりとした練乳ソースが入った、濃厚な味わいのミルクセーキバー。カップや期間限定フレーバーなども展開。ニュージーランドの『クック山』からネーミング。

九州の定番！サラサラかき氷

かき氷／金時 熊本
日豊食品工業

九州の夏の定番、袋入り氷。カップタイプのみぞれとは異なる、サラサラな食感が特徴。日豊食品工業の氷は、南阿蘇山系の天然水が使用されており、隠し味に塩が入っている。

星が目印！老舗菓子店のアイス

クールスター 山形
松島屋菓子店

アイスと生クリームをふわふわのブッセでサンド。濃厚バニラアイスをはじめ、抹茶、ストロベリー、チョコレートの4種で展開。50年前の発売当時から変わらない味で人気。

ご当地おやつのデザインギャラリー ②

学校給食といえば、やっぱり牛乳。 そのパッケージを見ただけで、当時の給食風景を思い出すかも。ここでは各地の学校給食でおなじみの牛乳の中から、パッケージがかわいく個性ある“ご当地牛乳”をピックアップしてご紹介！

給食でもおなじみ！ パッケージもかわいい ご当地牛乳

三重

大内山牛乳
（大内山酪農）

1960（昭和35）年から学校給食で採用され、現在は三重県内の6割以上の学校で飲まれている。かわいい牛のいる牧場のイラストは、三重県民なら誰もが知る大山内牛乳のシンボル。

富山

まると牛乳
（となみ乳業）

ほのぼのとした酪農牧場のイラストもほっこりする『まると牛乳』。1970（昭和45）年に誕生した、となみ乳業の統一ブランドで学校給食でもおなじみだ。下は昭和時代のポスター。

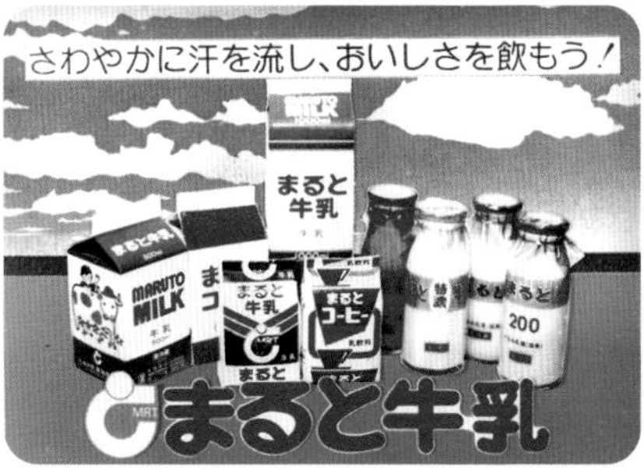

京都

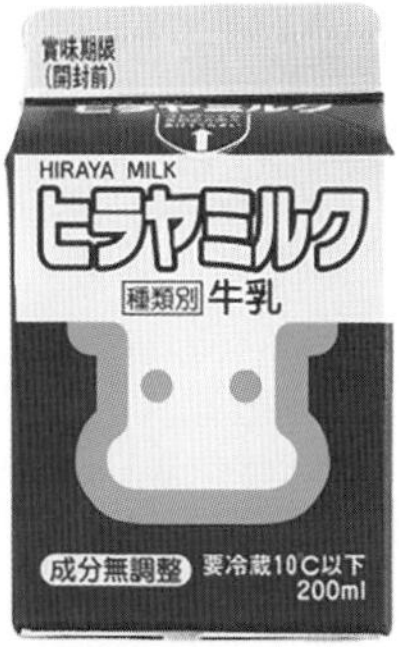

ヒラヤミルク
（平林乳業）

丹後の牛乳、北近畿の牛乳として親しまれる。パッケージの牛乳マークは、平林の「ひ」を用いたデザイン。

鳥取

白バラ牛乳
（大山乳業）

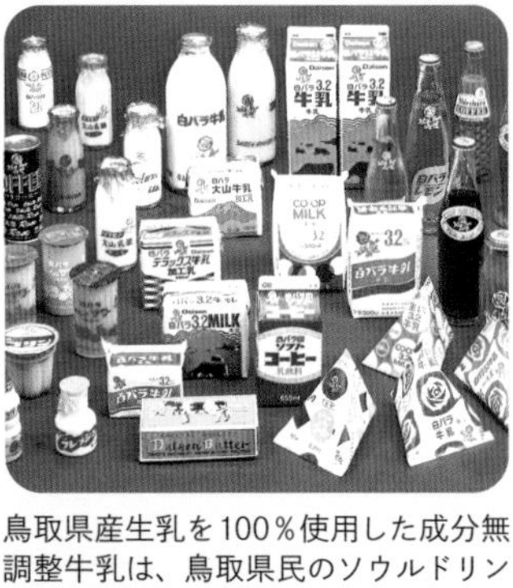

鳥取県産生乳を100％使用した成分無調整牛乳は、鳥取県民のソウルドリンクと呼ばれるほど広く愛されるロングセラー。乳製品の数々には、酪農家の想いがたっぷり詰まっている。

山形

田村牛乳

（田村牛乳）

庄内平野産100%の牛乳は、庄内地方の学校給食でもおなじみ。牛乳を手にした子どものロゴがトレードマーク！

千葉

コーシン牛乳

（興真乳業）

学校給食でおなじみのミニパック牛乳。パッケージの女の子は、牛乳の一気飲みが得意な9歳のピロコちゃん。

長野

八ヶ岳野辺山高原 3.6 牛乳

（ヤツレン）

1975（昭和50）年の誕生からパッケージデザインは同じ。汽車のイラストと煙に書かれた「シュッポッポ」の文字から、『シュッポッポ牛乳』『ポッポ牛乳』という愛称で親しまれる。

北海道

べつかいの牛乳屋さん 三角パック

（べつかい乳業興社）

日本一の生乳生産量を誇る別海町。その「ミルク王国べつかい」の牛乳。三角パックの生産は約50年前から開始。

愛媛

らくれん牛乳

（四国乳業）

1969（昭和44）年、当初は瓶牛乳で学校給食に登場。赤と青のシンプルなデザインでパッケージ全体もロゴもレトロな味わい。

大分

みどり牛乳

（九州乳業）

九州乳業のブランド牛乳『みどり牛乳』は、1964（昭和39）年生まれ。写真は、大分県の学校給食でも飲まれている飲みきりサイズ。

千葉

フルヤ牛乳

（古谷乳業）

千葉県の学校給食でおなじみ『フルヤ牛乳』。1987（昭和62）年頃に採用された、赤と青の丸がデザインされた「フルヤマーク」が目印。

島根

きすき パスチャライズ牛乳

（木次乳業）

生乳の天然性を最大限に活かしたおいしい牛乳の『パスチャライズ牛乳』。黄色と赤の個性的な配色とロゴデザインも印象的だ。

北陸のソウルフード！加賀生まれの揚げあられ

ビーバー 石川

北陸製菓

サクサクの食感と昆布の旨味たっぷりの揚げあられ『ビーバー』。日高昆布を北陸産もち米に練り込み、鳴門の焼き塩を効かせた味はクセになるおいしさ。1970（昭和45）年の発売だが、生産元の倒産により一度は店頭から姿を消す。しかし2014（平成26）年、当時のレシピと製法を忠実に引き継いだ北陸製菓によって見事に復活を果たした。

キャラも活躍！そのモデルは…!?

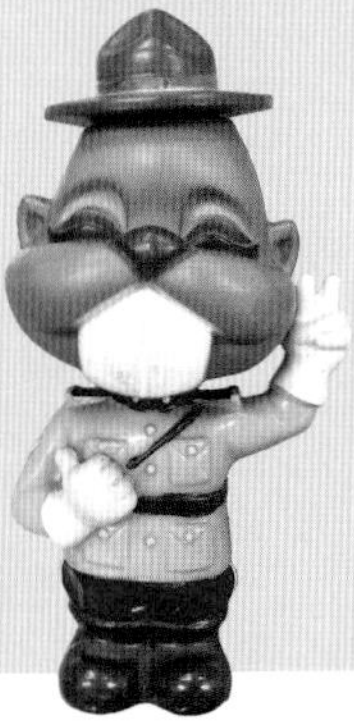

大阪万博のカナダ館で展示されていたビーバー人形（左）。その歯と菓子の形が似ていたことから、商品名とキャラが『ビーバー』に。

旧パッケージ

かつての生産元が販売していた『ビーバー』の歴代パッケージ。現在のキャラは、顔に入っていた縦線がなくなり、股に丸みがついている。

昭和45年頃〜

平成17年頃〜

平成21年頃〜

平成24年頃〜

県民おなじみのあられ
人気が出すぎて新潟限定に!?

サラダホープ　新潟

亀田製菓

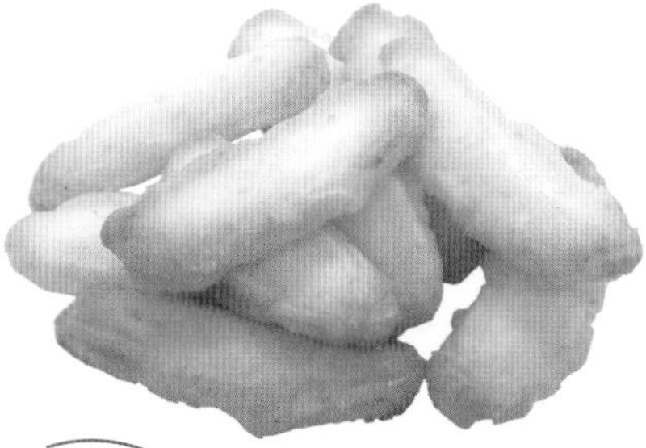

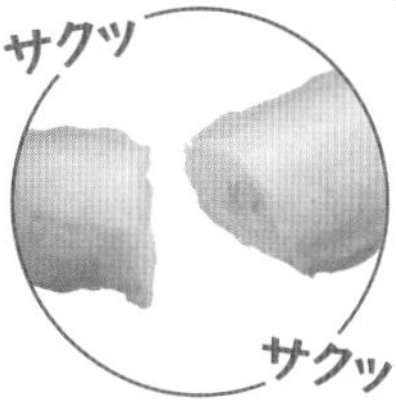

もち米100％のサクッサクッとした生地と、まろやかな塩味が止まらないおいしさの秘密。当時は細長い形も新鮮だった。

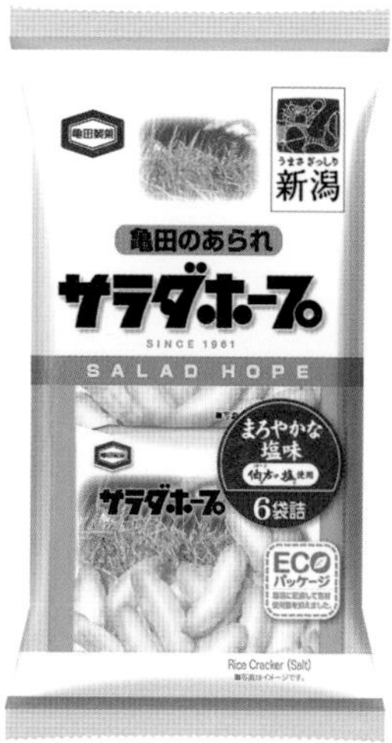

昭和36年

旧パッケージ

洋風にしたいと商品名に「サラダ」というワードを入れ、カタカナと英語を使ったパッケージはポップで斬新だ。

サラダ油を絡め塩をまぶした、細長いひと口サイズの『サラダホープ』。新潟県民の間ではおなじみのあられだ。発売は1961(昭和36)年、亀田製菓の現存する商品の中で最も長い歴史を誇る。発売当初、全国で発売したところ売り切れが続出、製造が追いつかずに県外への販売を停止。新潟県内のみの販売に切り替えられた。

全国区のあの商品も超ロングセラー！

昭和51年

昭和41年

昭和42年

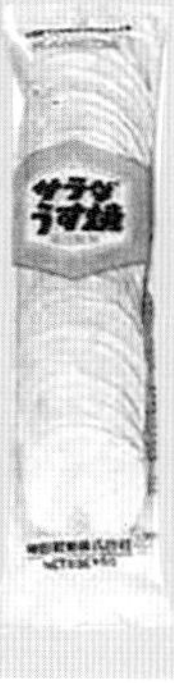

おなじみのお菓子は、どれも半世紀ほどの歴史をもつ。「♪亀田のあられ・おせんべい」のCMは1969(昭和44)年から。

(上)『サラダホープ』発売当時の製造風景。当時は高級品だったサラダ油を使用した、ちょっと贅沢で洋風なあられとして誕生。

大阪下町生まれの素朴な味

満月ポン 大阪

松岡製菓

旧パッケージ

『満月ポン』という名称になってからのパッケージ。卯年の1998(平成10)年に、現在と同じうさぎのイラストが入った。

こんがりと焼き上げた、甘辛い醤油味でサクサク食感のせんべい。1枚1枚手作りで、形や厚みが不揃いなのも魅力。『ぽんせん』(上左)は、製造を始めた1958(昭和33)年、元々駄菓子屋でバラ売りしていた当時と同じ大きめサイズ。

愛知で愛されて半世紀

えび大将 愛知

カワサ

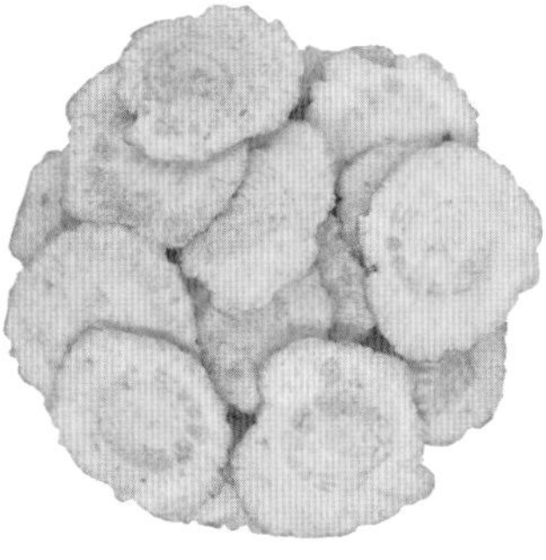

パッケージイラストと同じような、浮き出たエビの型が両面に入っている。軽い食感で食べ出したら止まらない!

少し辛めの醤油味、海の幸の香り漂うどこか懐かしい味わいの『えび大将』。地元愛知県を中心とした販売で、発売からおよそ45年、カワサの一番人気商品だ。醤油の香ばしさと、ほんのり香るごまの風味も特徴。

海苔の香り豊かなうずまき

うず潮 愛知

カワサ

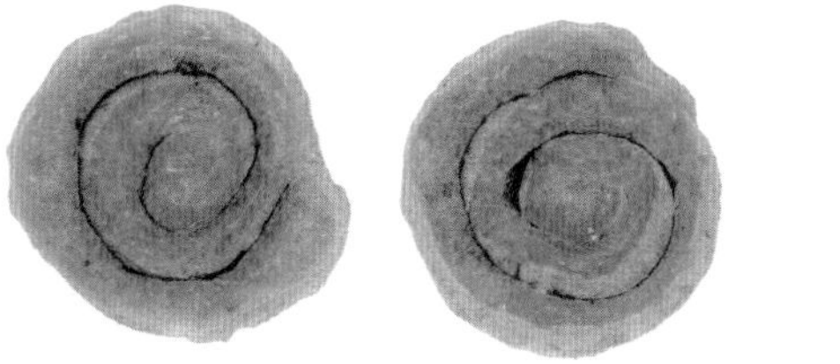

うずまき状に巻き込まれた、海苔の味がしっかりと感じられる、磯の香り豊かな薄焼きせんべい。丁寧に2度焼きし、薄口醤油で仕上げた上品な味わいの『うず潮』。発売から約20年、パリパリとした軽やかな食感で安定した人気を誇る。

「たません」でもおなじみ！

大判焼 愛知

カワサ

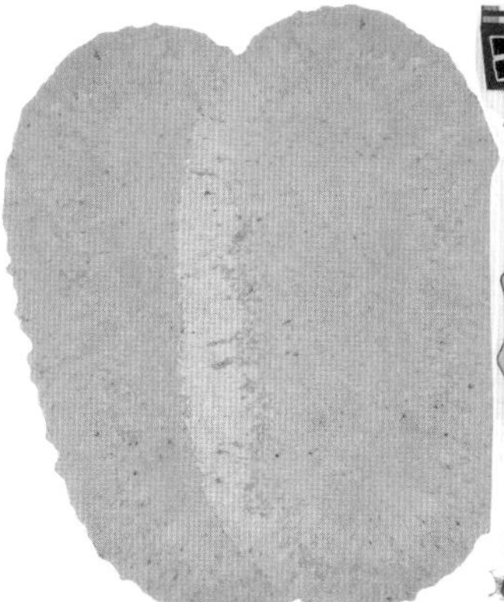

縦22㎝、横12㎝、厚さ2㎜ほどの大きな薄焼きせんべい。エビを使った磯の風味が香り高く、パリパリサクサクの食感がクセになる味。以前は『大判焼』と書かれた巾着タイプのパッケージだったが、2020（令和2）年頃に現行のものに。

お祭りやお好み焼き屋にも！
愛知県民おなじみの「たません」

愛知県では縁日のお店でおなじみの「たません」。『大判焼』にお好み焼きソースを塗り、あげ玉と薄く焼いた玉子焼きを挟んだら、マヨネーズをトッピング。お好み焼き屋でも提供される、愛知県民のソウルフードだ。

あられ／生あられ　三重

丸八もち店

一服のおやつや軽食にも！
食べ方も千差万別

お茶うけにはもちろん
自己流の食べ方も!?

「あられ茶漬け」は有名だが、昆布茶や砂糖湯、スープやコーヒーに入れることも。手軽で腹持ちもいいため、地元で漁業に携わる人たちにとっては、一服の際の定番おやつだ。

口に入れると米の香りが広がる素朴な味の『あられ』。煎りごま、干しエビ、梅しそ、あおさなどが練り込まれており、どれも風味豊か。こまめな手入れが必要な自然乾燥で、冬期のみの製造。数量も限られるため地元消費がほとんどだ。白、緑、赤、黄色の４色は、四季を通じて健康に過ごせるようにとの意味も込められている。

生あられ

焼く前の状態で売られる『生あられ』。電子レンジだとふっくら、トースターではカリッと仕上がる。じっくり火が通せるストーブや七輪もおすすめ。

焼く、揚げる、煎る？
お好みの調理法で！

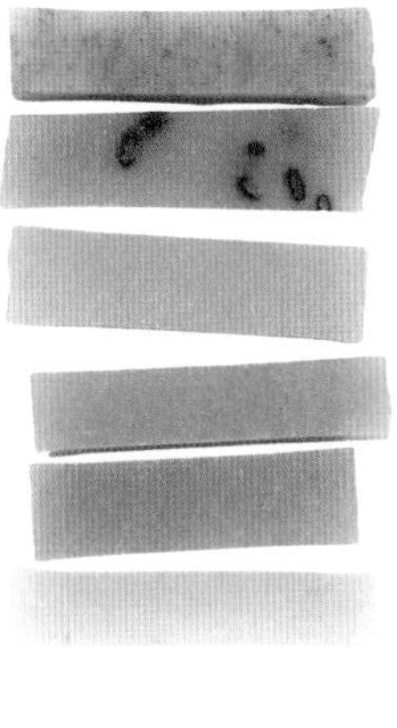

オーブントースターで
できたてサクサクの味！

5分予熱したトースターで２～3分。すぐに膨らみ始め、焼き色が付く頃にはいい香りが立ち上る。１～２分の余熱で仕上げるのがポイント。

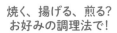

彩りも香りも豊かな5つの味

雪国あられ　新潟

雪国あられ

白いあられはご飯、エビと大豆はたんぱく質、青のりと昆布はビタミンやミネラル、食物繊維などと、栄養バランスを考えた組み合わせ。

レトロなデザイン缶は贈答用にも!

サクサクと軽い食感で米の甘みを感じる素焼き、磯の香り豊かなエビと青のりの3種のあられに、煎り大豆と焼き昆布が一袋に。1960(昭和35)年頃発売の、新潟の定番あられ。

ふっくら焼き上げた独自の食感

ころもち　奈良

高山製菓

特殊な焼き釜を使用することで、分厚い生地でもふっくらと焼き上げ、ほかにはない食感を生み出すことに成功した。

やや大きめでカリッサクッとした歯ごたえと、甘みのある塩味があとを引く。こだわりのもち米は、長年探して九州の佐賀県産に辿り着いた。試行錯誤の末、1985(昭和60)年に完成した独自製法の味。創業は1950(昭和25)年。

伊賀忍者の携帯食!?
“日本一硬い”せんべい

元祖かたやき　三重

伊賀菓庵山本

木槌やかたやき同士で割ろう!

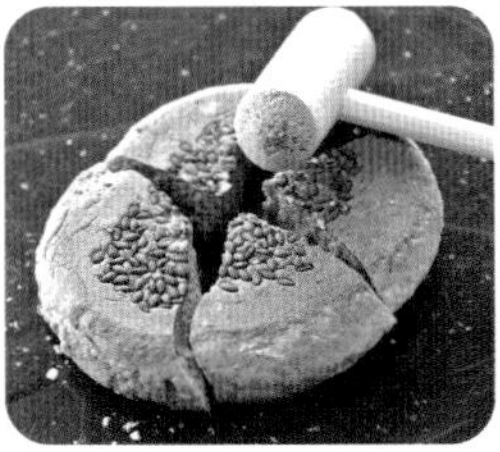

1975(昭和50)年頃から木槌付きのセットも販売。木槌で叩いて砕き、しばらく口に含んでから食べよう。せんべい同士で割ってもよい。

「日本一硬い」とされるせんべい『元祖かたやき』。その昔、伊賀の忍者が敵方の屋敷に忍び込み、身を隠している際などに、かさが少なく滋養に富む食料として携帯した。1852(嘉永5)年創業の伊賀菓庵山本では、初代の考案した長時間熟成製法を守り、『かたやき』を今に伝える。小麦の香りも豊かな、素朴な味わいの珍菓だ。

大判に手裏剣型も!
形も味もいろいろ

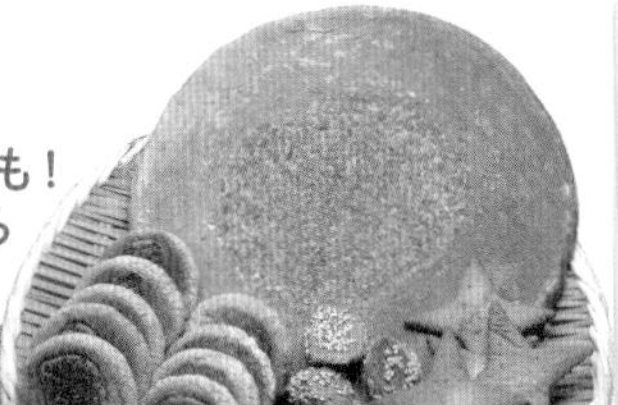

ごま、青のり、くるみなど、『かたやき』の味は6種類。通常サイズの20倍ある『超大判かたやき』や、まきびし、手裏剣の形も。

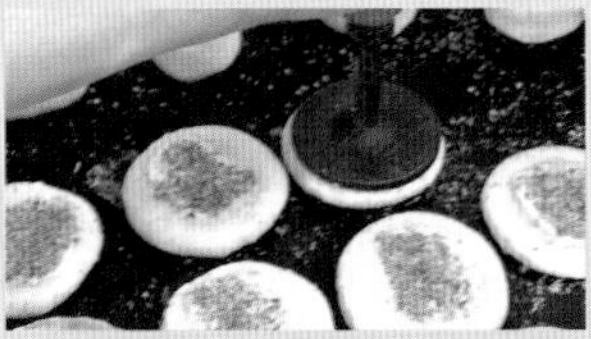

三重県産小麦粉を100%使用。約1時間かけ、1枚1枚を手焼きで焼き上げる。生地の配合・道具・焼き方などは160年間引き継がれてきた。

小麦粉と落花生の素朴な味

太陽堂のむぎせんべい 福島

太陽堂むぎせんべい本舗

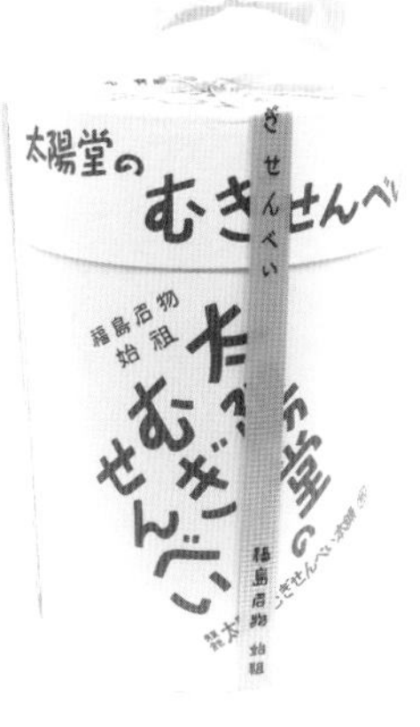

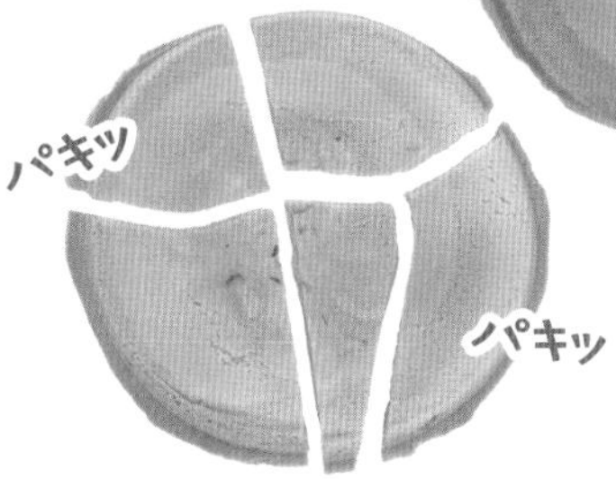

原材料に卵を使っていないため、「パキッ」「パキッ」と面白いようにきれいに割れる。そのかたさも心地よい素朴な味のせんべいだ。

パキッとしたかたい歯ごたえの生地に、落花生が香る『太陽堂のむぎせんべい』。その名の通りのシンプルな小麦粉のせんべいで、噛むほどに小麦の甘みが口に広がる。1927（昭和2）年の創業以来、1枚1枚手焼きされる。

香気豊かな手造りあられ

玉あられ 高知

玉屋

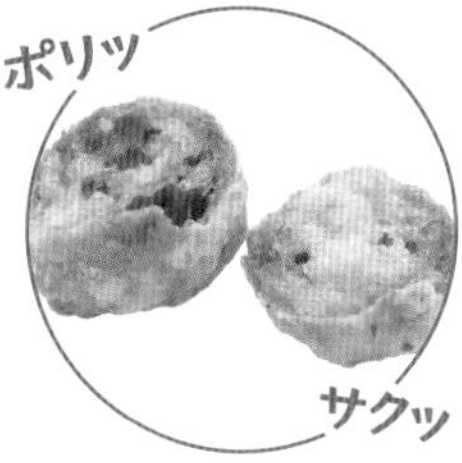

ポリッ、サクッとした軽い食感で、ポリポリと食べ続けてしまうクセになる味。現在はご主人一人で手作りされるため店舗販売のみ。

炭火で煎られた土佐名物の『玉あられ』。コロコロとした丸い形もあり、一見すると豆菓子のようだが、もち米が原料の素朴なあられ。表面に砂糖をまぶし、海苔と生姜で風味が付けられた香気豊かな和菓子だ。

大きくて四角いから「大角」
30年以上愛されるロングセラー

大角 香川
中野製菓

実物大

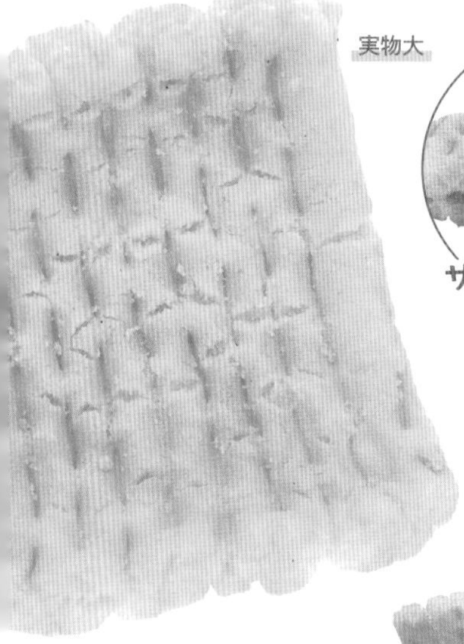

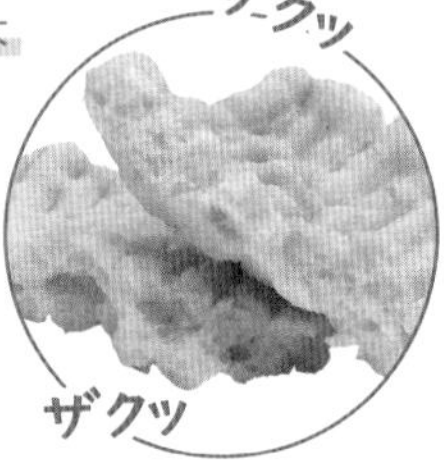

しっかりとした厚みがあり1枚でも食べごたえのある大きさ。内容量は120gで一般的な袋菓子よりひと回り大きい。

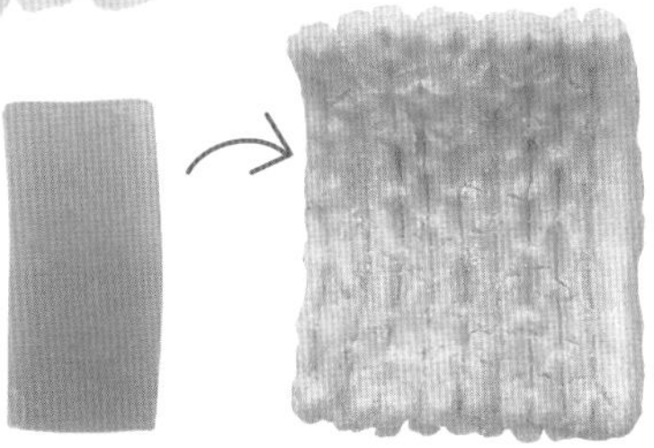

縦に切り込みが入ったフライする前のかたい生地（左）。切り込みによって細長い長方形が横に広がり、独特の凹凸が生まれる。

ほどよい塩味にザクザクとした歯ごたえもクセになる、どこか懐かしい味。甘味料にはステビアが使われており、ほのかに感じるあっさりとした甘みがあとを引く。生地は高温の菜種油でフライし味付けされるが、揚げる前にひと晩“蒸し乾燥”をしている。この工程が生地の状態をよくし、病みつきになる食感を生み出しているのだ。

ホイロ乾燥が決め手！
「大角」ができるまで

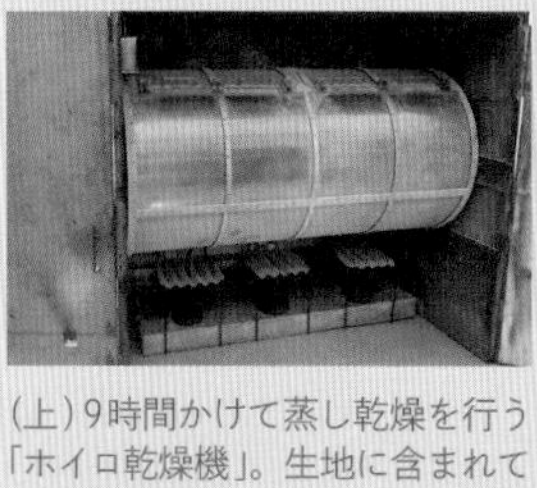

（上）9時間かけて蒸し乾燥を行う「ホイロ乾燥機」。生地に含まれている水分量を均一にし、揚げたときの膨らみ度合いを調整する。

（上左から）フライヤーに投入された生地は瞬く間に膨らんでいく。（左）油から上げたら味付けをし、熱を取ったらできあがり。

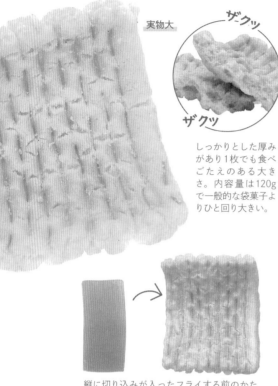

縦に約45㎝の特大パッケージ！

大判 愛媛
東陽製菓

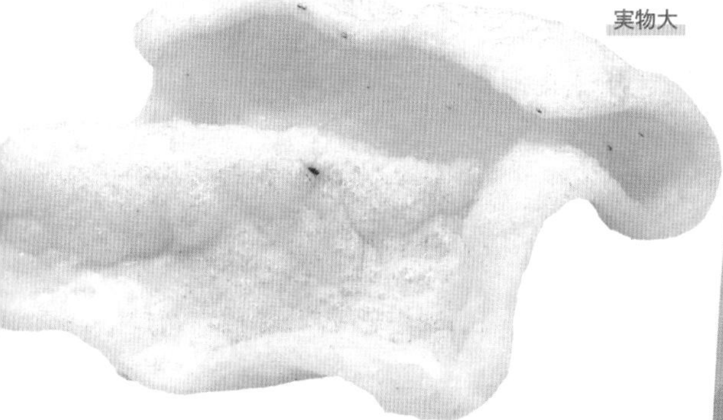

実物大

東陽製菓は、1963（昭和38）年より「あられ」を中心に製造･販売。創業時からの味が続く『バターあられ』（左）など根強いファンが多い。

パリッとした軽い歯ごたえで、口の中であっという間に溶け、生地の風味が広がる。1970年代以前から続く油菓子で、「金の大判のようにきらびやかなお菓子に」と『大判』という名に。お菓子も大きいが、巨大な袋がひときわ目を引く。

白くて大きくて、まるでおばけ!?

おばけせんべい 福島
日本メグスリノキ本舗

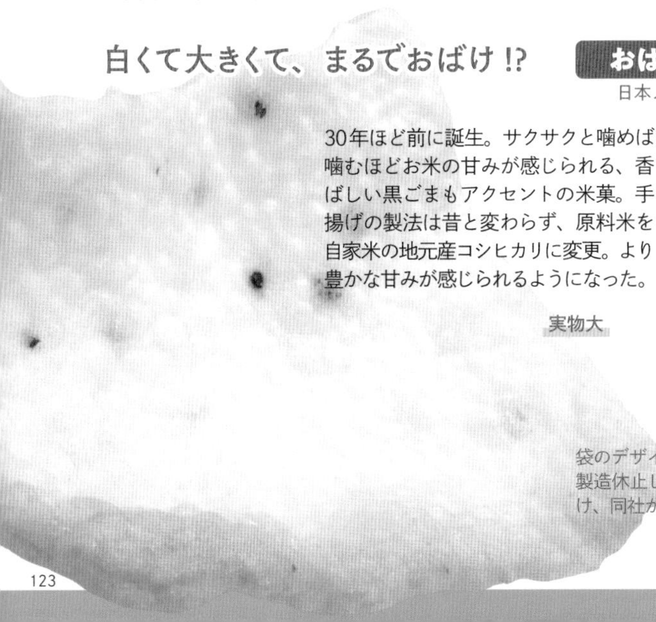

30年ほど前に誕生。サクサクと噛めば噛むほどお米の甘みが感じられる、香ばしい黒ごまもアクセントの米菓。手揚げの製法は昔と変わらず、原料米を自家米の地元産コシヒカリに変更。より豊かな甘みが感じられるようになった。

実物大

袋のデザインは発売当初とほぼ同じ。一時製造休止していたが、多くの惜しむ声を受け、同社が製法を受け継ぎ再開させた。

1枚ずつ丁寧に重ねて焼く
ほんのり甘い仙台焼き菓子

味じまん **宮城**
味じまん製菓

独特の食感は
二つ折りならでは

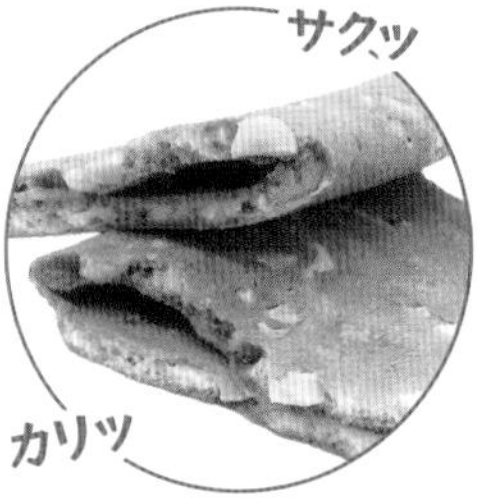

サクサク、カリカリした食感の生地の上には、砕いたピーナッツがたっぷり！ ナッツ好きも大満足のおいしさだ。

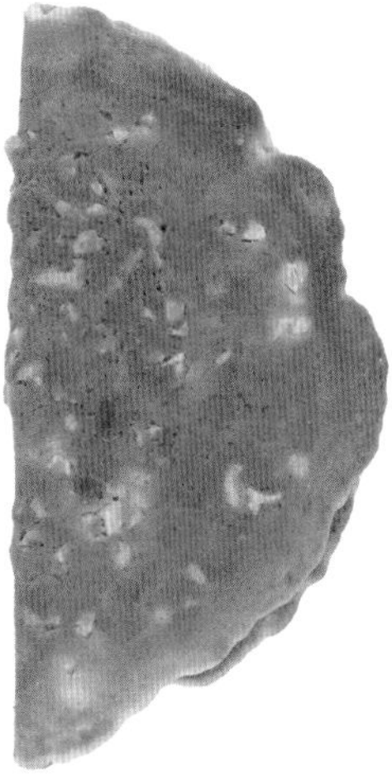

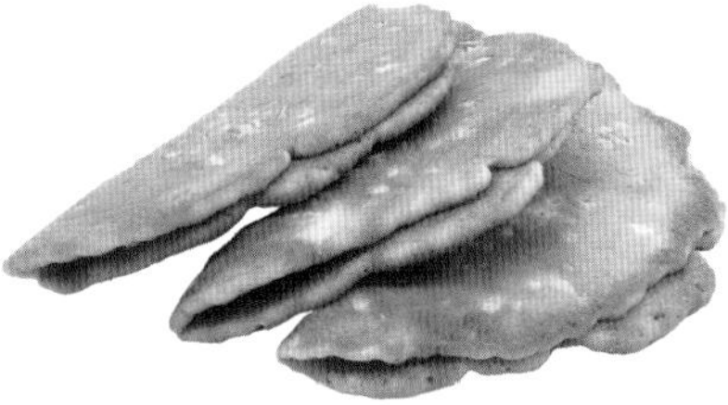

ピーナッツの香りが広がる、ほんのり甘い昔ながらの小麦せんべい『味じまん』。地元の新鮮な卵、生ピーナッツなど、原材料と食材の鮮度にもこだわる。1976（昭和51）年発売の商品だが、東日本大震災で製造元が廃業の危機に。しかし、「また食べたい」という声に応え1年後に社名を変更して再開、人気のお菓子を復活させた！

「重ね厚焼き」のひと手間で
ホロホロ崩れる絶妙な食感を生む

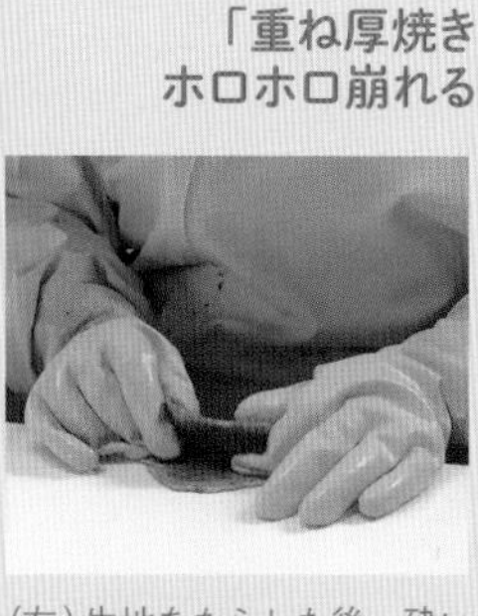

（左）生地をたらした後、砕いたピーナッツを上から乗せて焼き上げる。（中）焼き上げたせんべいを熱いうちに手作業で二つ折りにする「重ね厚焼き」。（右）包装してできあがり！

「小倉祇園太鼓」をイメージ

太鼓せんべい 福岡

七尾製菓

ピーナッツは、一般的な長細いものではなく、せんべいに合う小粒の丸いものを使用。生のピーナッツを自社で焙煎する。

クッキー風の生地に香ばしいピーナッツをトッピングした『太鼓せんべい』。水を使わず、小麦粉と卵のみで溶いて焼き上げた洋風厚焼きせんべいだ。1978（昭和53）年の発売以来、食べごたえのあるせんべいとして人気。

新鮮な卵がたっぷり！

鶏卵落花生せんべい 福岡

三友堂製菓

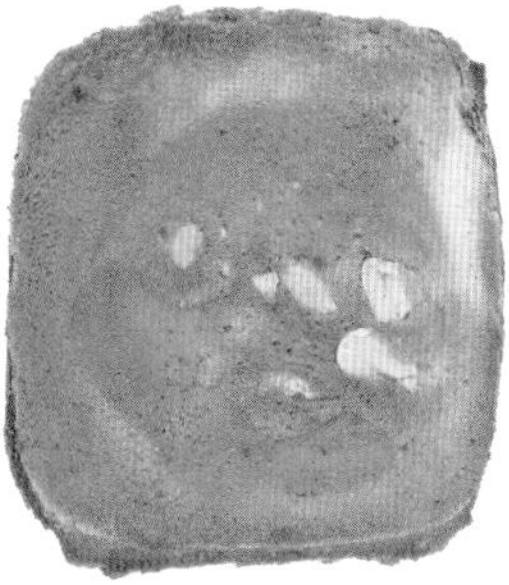

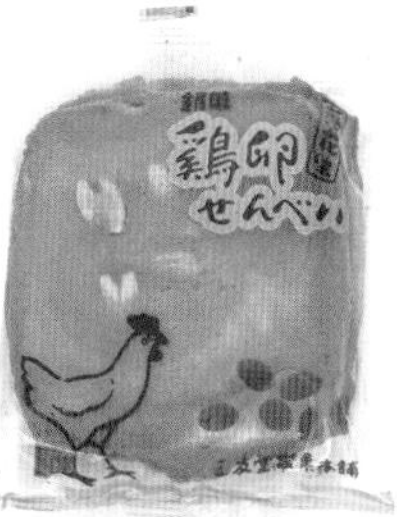

1975（昭和50）年の発売で、ニワトリのイラスト入りパッケージは1991（平成3）年から。12枚入りと16枚入りがある。

サクサクとした食感で甘さ控えめの鶏卵せんべい。新鮮な卵を使った生地に落花生が入った、昔ながらの素朴な味だ。1912（大正元）年創業の三友堂製菓が気温や湿度で火力を調節し、「焦げる一歩手前」になるよう焼き上げる。

素朴なおいしさにこだわり！
平成生まれの懐かし風味

蜂蜜ふらい 島根
松崎製菓

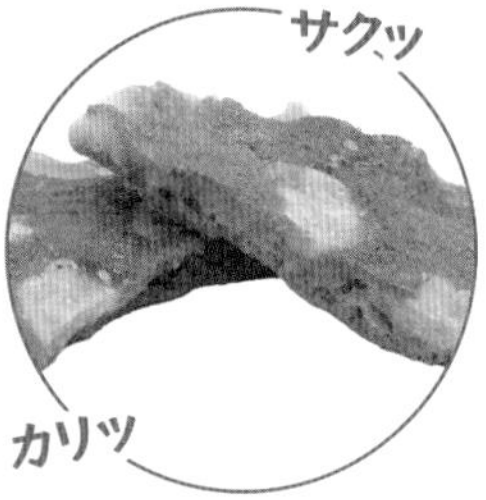

香ばしく甘いせんべいと、天日塩で味付けされたフライビンズの風味が絡み、噛むほどに豆の旨味も広がる。

食べやすいひと口サイズに成形し、こだわりの独自製法で焼き上げる。高級感やオシャレさよりも、いつでも食べたい身近なおいしさがこだわりだ。

隠し味として使った「蜂蜜」と、そら豆を乾燥させ油で揚げた豆菓子「フライビンズ」がたっぷり入っていることから『蜂蜜フライ』の商品名で発売。はちみつのまろやかな甘みと軽い塩味が抜群にマッチしていて、サクサクカリカリ食べ出したら止まらない。2004（平成16）年の発売だが、昔ながらの素朴な味わいで地元の人気おやつに。

戦後すぐに登場した山陰の定番の味

生味噌がたっぷりと練り込まれ、サクサクと軽い食感に焼き上げたせんべい。味噌がこんがりと焼けたような、甘い中にほろ苦さもある豊かな風味が魅力。

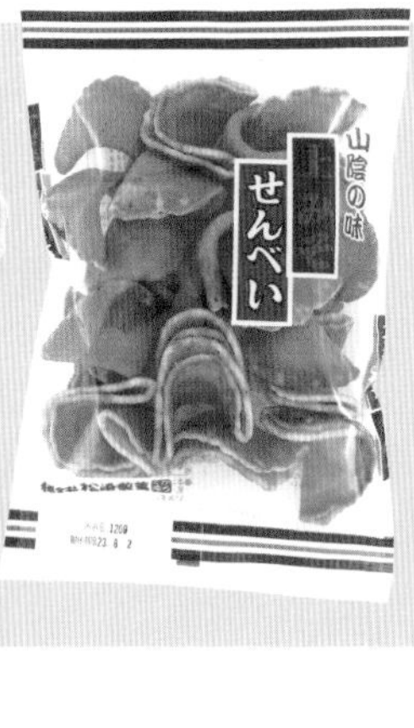

ピリッと爽やかな辛さ！ “鳥取の味”生姜のせんべい

生姜せんべい 鳥取

城北たまだ屋

波打った形のせんべいに、白波のような生姜蜜。日本海の荒波をイメージした独特の形は、別名“波生姜”とも呼ばれる。

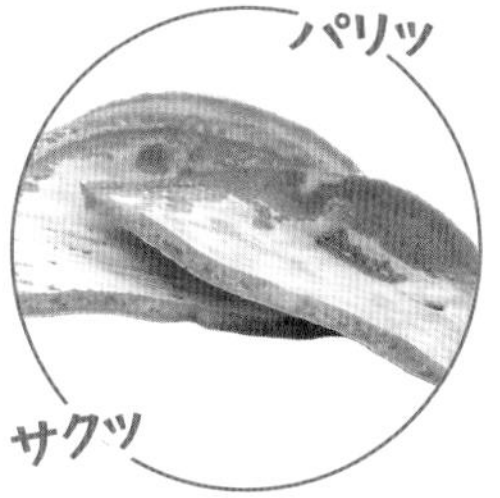

ピリッと爽やかな辛さと、口どけのよさが特徴のクセになる味。1920（大正9）年創業の城北たまだ屋の『生姜せんべい』は、鳥取定番の味として知られる。パリッとした歯ごたえも魅力だが、「わざと湿気させてから食べるのが好き」という地元の人も意外に多いのだとか。県内数店舗のみでの販売のため、連日売り切れる人気のせんべいだ。

せんべいのできあがりまで 1枚1枚を丁寧に手作り

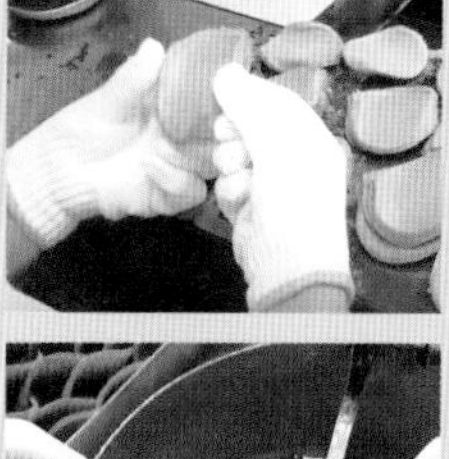

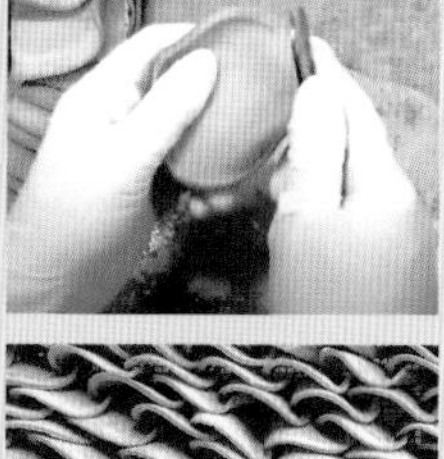

丹念に焼き上げたせんべいを手で曲げ、みみを切り落とす。それに鳥取県産生姜を使用した、辛味の効いた自家製生姜蜜を1枚ずつ丁寧に刷毛引きしていく。これぞ職人の技だ！

バター風味の欧風せんべい

ピケエイト 三重

マスヤ

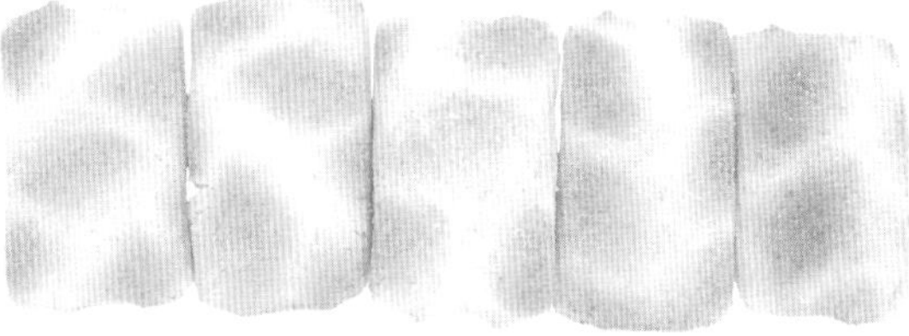

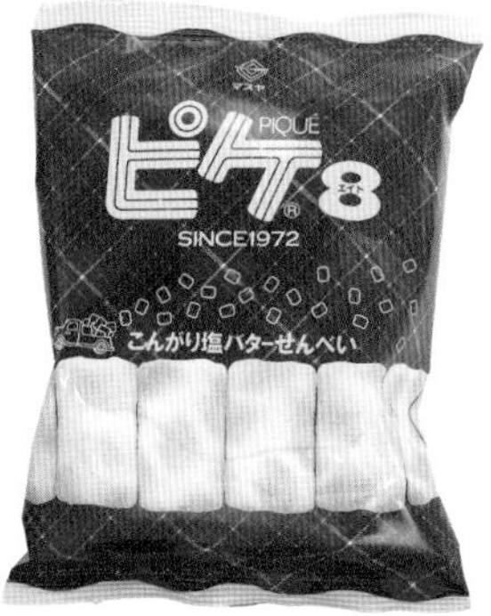

昭和47年

旧パッケージ

1972（昭和47）年の発売当初から、タータンチェックを基調としたデザイン。東海地方を中心とした地域限定の商品だ。

香りとコクのある北海道発酵バターをふんだんに使った塩バターせんべい。形が波型なので畑の畝（うね）を表すフランス語の「ピケ」、研究スタッフ8人で開発したので「8(エイト)」を採用、『ピケ8』という商品名に。

南国の懐かしい豆菓子

雀の学校・雀の卵／南国珍々豆 鹿児島

大阪屋製菓

甘辛い醤油味が特徴の鹿児島県の豆菓子。大阪屋製菓では、地元の無添加本醸造醤油など数種類の醤油をブレンドし、国内製造の粗糖を使用した秘伝のタレにこだわる。鹿児島県の素材にこだわった、どこか懐かしい味わい。

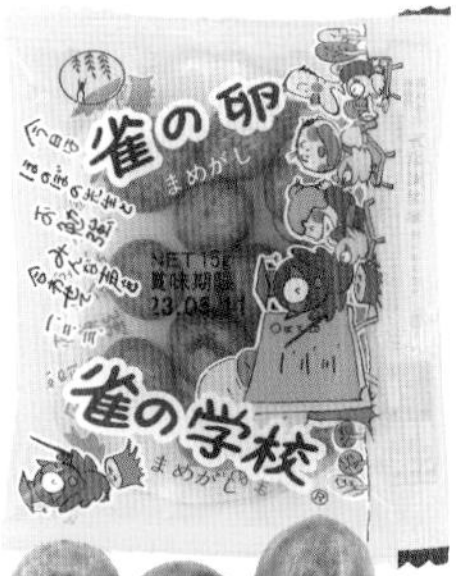

（右）明治期からあった「すずめのたまご」を小袋入りにした『雀の学校・雀の卵』。（左）生地を付けた小粒の落花生を煎り上げ、ピリ辛醤油味で仕上げた『南国珍々豆』。どちらも美味だ！

甘〜い水飴入りのせんべい!?

あめせん　北海道

松浦商店

松浦商店の『あめせん』は四角の割りやすい溝入りで、ごまとピーナッツの2種類。店によっては丸いせんべいを使う。

やや厚めのせんべいをバキッと割ると、中にはトロリと糸を引く水飴がたっぷり。手焼きのせんべいに水飴を挟んだ『あめせん』は、主に北海道や青森県で親しまれるご当地おやつ。どこか懐かしくクセになるおいしさだ。

1枚ずつ手作業で水飴をサンドする

厚めに焼き上げた小麦粉のせんべいに手作業で水飴を挟んでいく。1960年代以前、『あめせん』は定番の駄菓子であった。

でんぷんの紅白せんべい

でんぷんせんべい　北海道

松浦商店

松浦商店では素材にこだわり、50年以上変わらぬ味を守り続ける。せんべいには「長万部名物」の文字やカニの絵も。

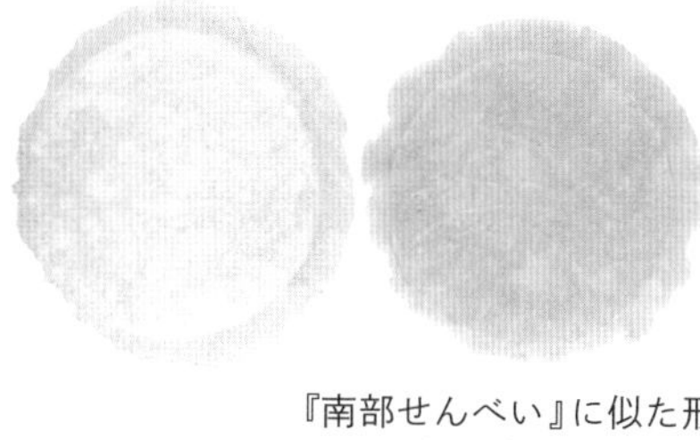

『南部せんべい』に似た形だが、色は真っ白と薄いピンクの『でんぷんせんべい』。原材料はジャガイモのでんぷん。パリッとした食感で、かすかな甘みがあるだけの実に素朴な味だ。水飴などを付けて食べてもおいしい。

甘辛い特製醤油があとを引く！

亀せん **熊本**
味屋製菓

見た目はゴツゴツしているが、口どけのよさと特製醤油の香り、ほどよい甘さがクセになるおいしさだ。

こだわりの特製の甘辛醤油タレで味付けした、ザクザク食感の小麦せんべい。味屋製菓の『亀せん』は、1968（昭和43）年に製造を開始。味はもちろん、亀の字をイラスト化したレトロな袋のデザインも発売当初のままだ。

バリッと歯ごたえ、やみつきに！

かめせん **沖縄**
玉木製菓

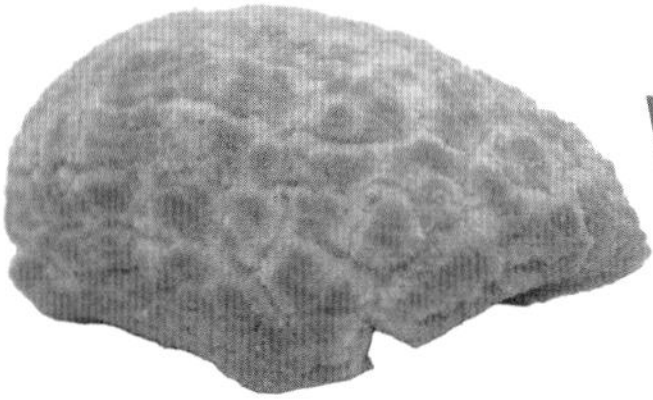

長寿を意味する「亀の甲羅」型で、食べるとバリバリッといい音をたてる。梅風味の『梅小亀』も甘酢っぱくてうまい！

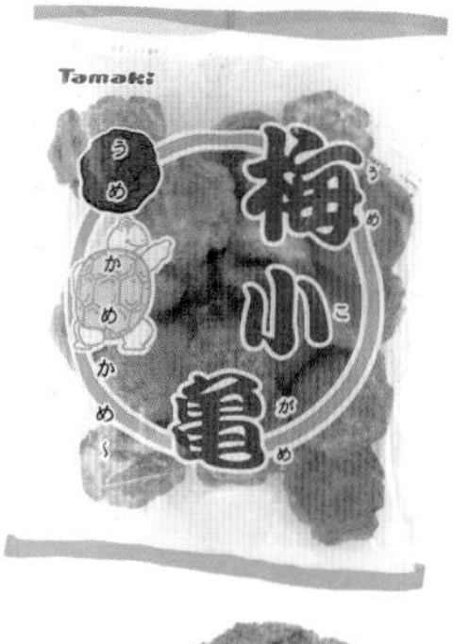

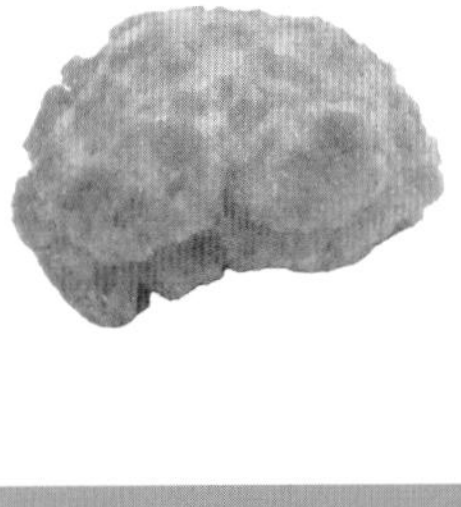

味や食感も独特でシンプルな小麦のせんべい。南風原町の玉木製菓では、1976（昭和51）年から塩味の『かめせん』、甘口醤油味の『味亀』を製造。その当時、小麦は黄金のように光って見えるほど貴重な食べ物だったという。

特撰
風味満点カリカリ食感
頑固職人の拘り
大判

炭火煎り
土佐名物
王あられ
手造り一筋壱百年

北海道特選
元祖
でんぷんせんべい

鶏卵落花生
せんべい
Egg & Peanut
Delicious Senbei

えび大将

お子様のおやつに水あめを
つけると喜ばれます。

田舎米菓
おばけせんべい

温泉地のご当地せんべい

取材・文／小林良介

日本は温泉地数と源泉総数で世界一とされ、国内に宿泊施設を伴う温泉地は約3000カ所あるといわれている。お土産として人気の「温泉まんじゅう」と並び、「せんべい」もまた定番だ。各地の違いを見てみよう。

別府温泉 大分
温泉仕込み煎餅
（後藤製菓）

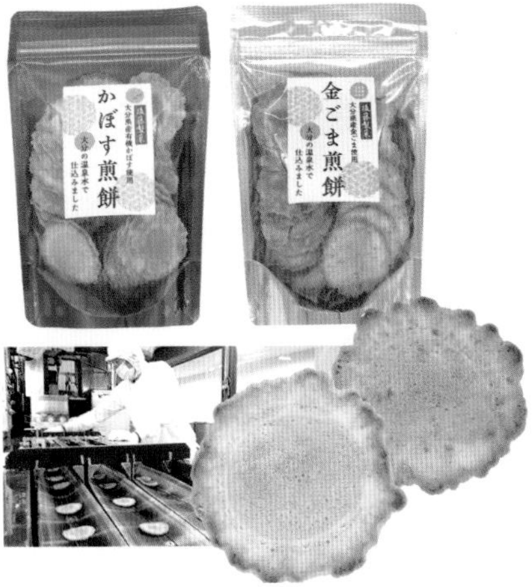

大分県別府市の温泉水を使用した、直径約45㎜、厚さ約3㎜のミニサイズのせんべい。小麦粉や有機かぼす果汁、金ごまなどは大分県産の素材。創業100年の老舗煎餅屋が作る、大分の魅力を満載した菓子。

小浜・雲仙温泉 長崎
湯せんぺい
（三宅商店）

小麦粉、卵、砂糖を温泉水で溶いた生地に練って焼き上げた。直径約105㎜、厚さ約5㎜と大きめサイズで、サクサクとした軽い味わい。1884（明治17）年の発売で、長崎県民には『小浜せんぺい』と呼ばれ親しまれている。

現存する日本最古の書物「古事記」や「日本書紀」にも記述がある通り、日本列島は温泉天国。平安時代の「万葉集」にも湯河原温泉や上山田温泉の名が登場し、日本人は昔から温泉好きであったことは間違いない。

温泉の中でも、炭酸が含まれる炭酸泉は飲用すると胃液の分泌を促し食欲増進の効果があるといわれており、温泉は浸かるだけでなく「飲む」文化も昔からあった。そして明治の初め頃から、各地で炭酸含有の有無にかかわらず、温泉水で小麦粉や卵などを溶いて生地にした「温泉せんべい」が作られるように。

日本三古湯の一つ、兵庫県有馬温泉の『炭酸泉せんべい』が、比較的早い段階から作られたとみられるが、長崎県雲仙市の小浜温泉では、旧島原藩主松平公が「小浜温泉の温泉が体によいということから作らせた」とも伝えられている。また明治末期、台湾の蒋介石と張群が日本へ亡命してきた際には小浜温泉に滞在し『湯せんぺい』を好きになったという記録も。

温泉まんじゅうと並ぶ温泉地土産の定番として、各地の違いを楽しむのも一興だ。

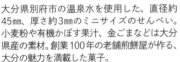

小麦粉、砂糖、鶏卵と温泉水で作られる。サーモンピンクの缶入炭酸せんべいは三重土産の定番。

湯の山温泉 **三重**

湯の花せんべい

（日の出屋製菓）

ほどよい卵の風味と、サクサクの食感が自慢。直径約90㎜、厚さ約3㎜で、1957（昭和32）年の創業以来、半世紀以上変わらない製法。御在所ロープウェイや大石橋が描かれたパッケージのレトロなデザインもそのままだ。

磯部温泉 **群馬**

いそべせんべい

（田村製菓）

「上州銘菓 磯部煎餅 風味佳良」の文字が刻印される。「全菓博会長賞」受賞。

炭酸ガスが豊富な上州・磯部温泉の源泉鉱泉で生地を溶いて焼き上げられ、サクサクした歯ごたえと口の中でとろけるソフトな口当たり。鉱泉ならではのミネラルの香りも特徴だ。94㎜×72㎜の長方形で飽きのこない味。

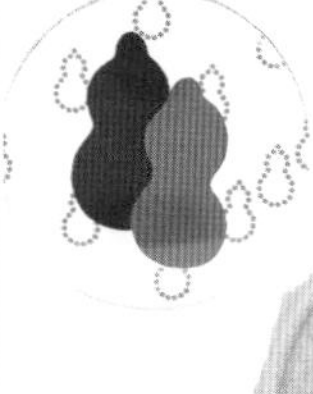

有馬温泉 **兵庫**

炭酸泉せんべい

（有馬せんべい本舗）

指に少し力を加えるだけで崩れるほど薄くて軽く、口の中で溶けるようになくなる食感。

炭酸が含まれる有馬の温泉水を使っており、軽い歯ざわりと気品ある風味が特徴。小麦粉は、泡立てた気泡を優しく包んで壊さないブランド品「宝笠」のみを使用。これにより、パリッとした食感、口どけのよさを実現した。直径約90㎜、厚さ約3㎜。

ドーナツ風のおやつパン！

マンハッタン

福岡

リョーユーパン

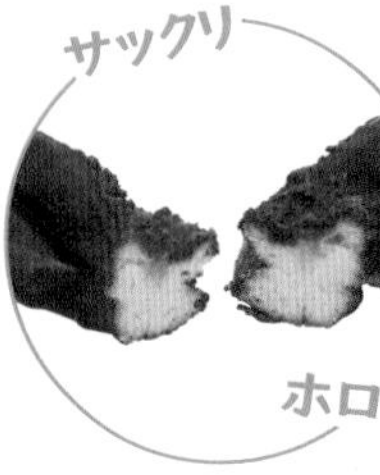

旧パッケージ

当時の開発担当者がマンハッタンで見たパンを参考にしたため、その地名が商品名に。摩天楼ビルは昔も今も商品の顔だ！

少しかための生地をチョコレートでコーティング。生地のサックリ感もたまらない。1974（昭和49）年の発売以来、大人気の福岡県民が愛するおやつ。学校の売店ではすぐに売り切れてしまうため“幻のパン”と呼ばれたことも。

バラの花のような、美しいパン

バラパン

島根

なんぽうパン

パッケージにもプリントされるイメージキャラクターの「なんぽうくん」が目印。彼が誕生したのは創業の頃。

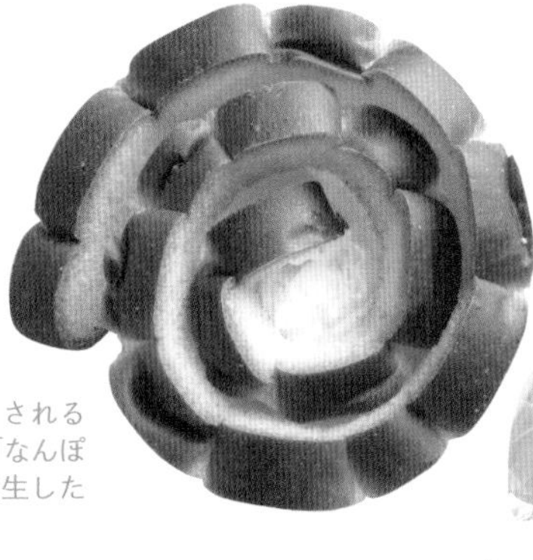

「バラの花のような美しいパンを作りたい」と考えたパン職人の手により、1949（昭和24）年に誕生。細長い生地を並べて波型に焼き上げ、縦長にスライス。手作業でクリームを塗り、バラの形になるように丁寧に巻き上げられる。

ブリック型の“ブリッコ”!?

チョコブリッコ　北海道

日量製パン

コーティングされたチョコは常温では溶けず、食べた瞬間に溶け出す絶妙な口どけ。

チョコに包まれたスポンジとクリームは、まるでケーキのよう。当初、レンガ（ブリック）のような形状のため「チョコブリック」として発売するつもりが、最終的に『チョコブリッコ』という商品名に。発売は1987（昭和62）年。

パッケージ裏に親衛隊!?

現行パッケージの裏面には、アイドルの女の子を応援する熱烈なファンのイラスト。サイリウムを持ってオタ芸を披露!

チョコをたっぷり味わえる!

ベタチョコ　山形

たいようパン

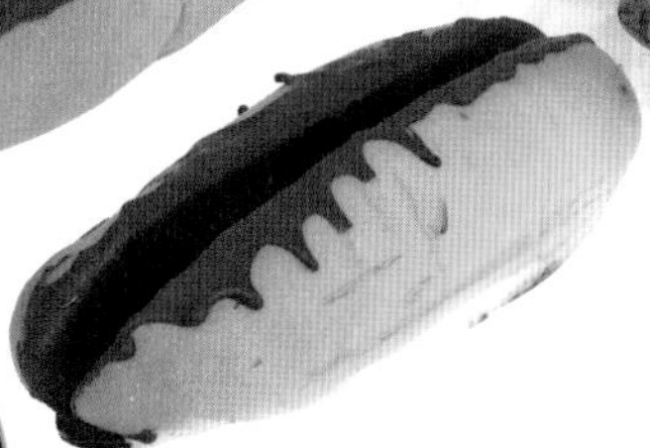

パンとチョコの間には、ほのかな甘みのバタークリームが入っている。二つ折りにして食べるのがツウ!

縦に切り開かれたコッペパンにバタークリームをサンドし、これでもかとチョコレートをコーティング。チョコがまだ高価だった1964（昭和39）年に、存分に食べてもらいたいとの思いから誕生した。山形のソウルパンとして人気。

4つに割りやすいから「よつわり」

よつわり 福島
原町製パン

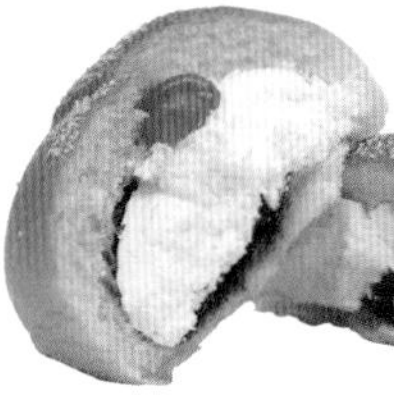

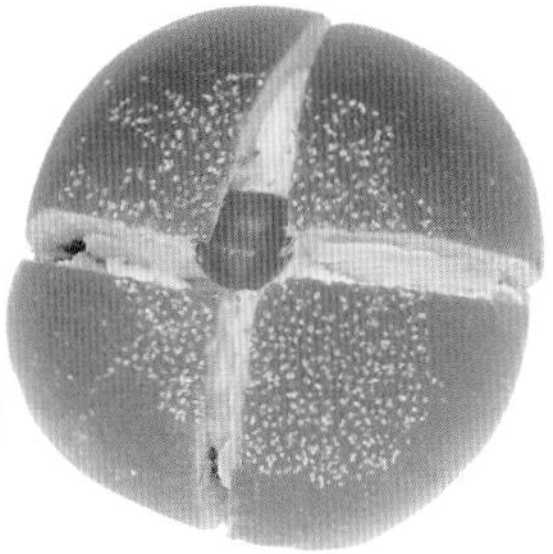

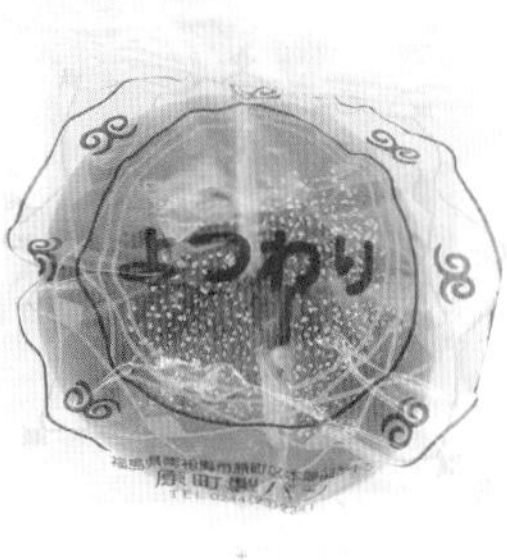

十字型に切り込みが入ったパンに、こしあんとホイップクリームが挟まれ、シロップ漬けのチェリーが中央に。これを基本にいちごなど、毎日7～8種類の味が登場。1951(昭和26)年創業の原町製パンの看板メニュー。

みんなが笑顔になるパン!

スマイルサンド 滋賀
つるやパン

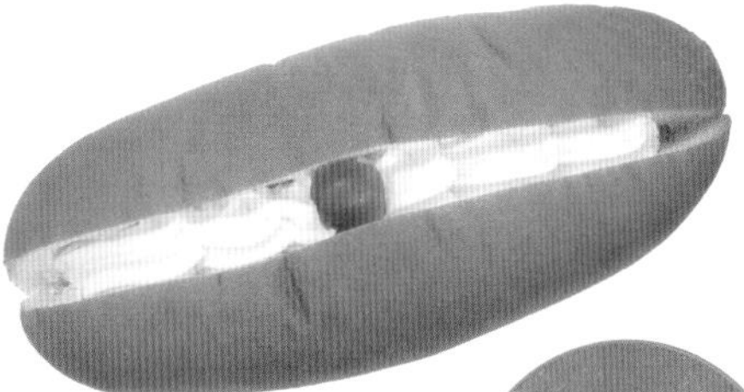

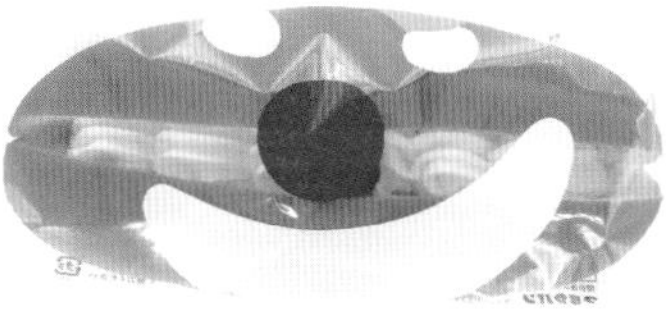

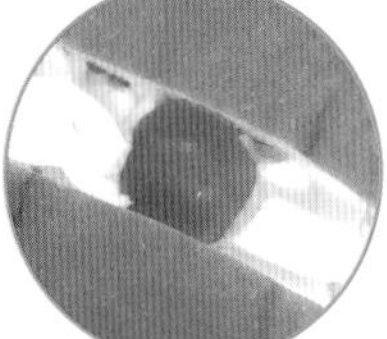

甘くて赤いゼリー。左右から食べて最後にこの中央部分を残し、パクッとひと口でフィニッシュするのがツウ。

ふわふわコッペパンにほんのり甘いバタークリームをサンド。1951(昭和26)年の創業当時、一番人気だった『スペシャルサンド』を『スマイルサンド』として復刻させた。中央に乗った赤くて丸いゼリーがかわいい。

手作りならでは! 表情いろいろ

チョコたぬきパン 滋賀
つるやパン

滋賀といえば「たぬき」。地元の子どもたちのために作ったという『チョコたぬきパン』。一つひとつ手作りのため同じ顔はなく、表情もさまざま。どれを買うか迷う人が多いのだとか。楽しくておいしいおやつパンだ。

冷やしてもおいしい洋菓子パン

シンコム３号 鹿児島

イケダパン

1961（昭和36）年に発売された洋菓子パンの復刻版。素朴な味わいのブッセにバニラ風味のクリームをサンドした、昔から子どもたちに人気のおやつだ。商品名は、打ち上げに成功した世界初の静止衛星「シンコム」から命名。

ほのかに香る溶かしバター

復刻版デンマークロール 広島

タカキベーカリー

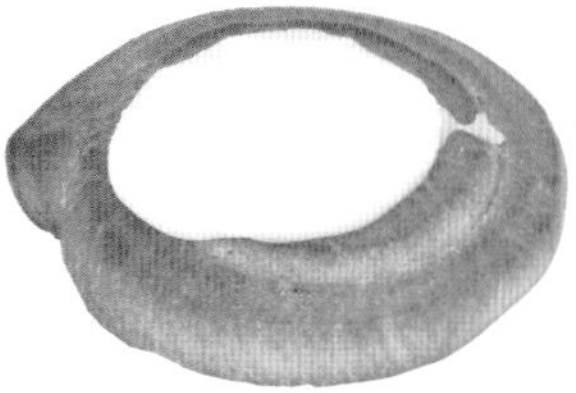

溶かしバターを塗った生地をうずまき状にし、フォンダンをトッピング。1959（昭和34）年、創業者がデンマークで食べたデニッシュペストリーのおいしさに感動し、試行錯誤の末に誕生。バターが香るリッチな菓子パンだ。

サクサク＆ふんわり食感！

カステラサンド 福岡

リョーユーパン

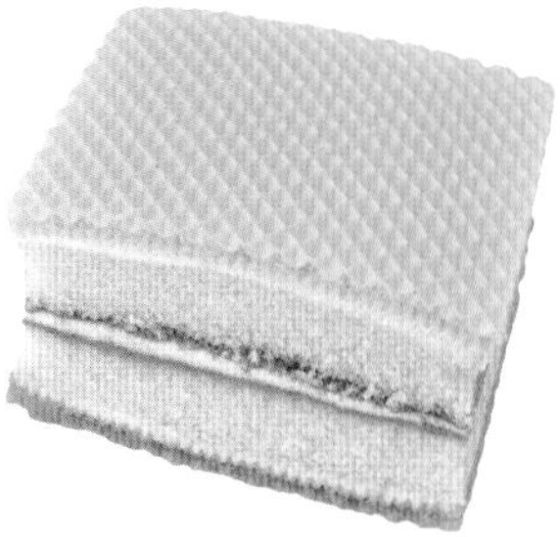

スポンジとバタークリームをウエハースでサンド。噛んだときのスポンジのふんわり感とウエハースのサクサク食感、中心のクリームのなめらかさが一体となって楽しめる。黄緑とピンクのウエハースは、パステルカラーで見た目もかわいい。

庶民のカステラとして登場

ビタミンカステーラ　北海道

高橋製菓

大正時代、当時高級だったカステラを誰もが安価で食べられるようにと誕生した「棒カステラ」。これを改良し昭和30年代に今の形となった。新鮮な卵を使い、水分を極力減らすことで日持ちするように。ビタミンB1・B2配合。

秋田のちょっと豪華なスイーツ

バナナボート　秋田

たけや製パン

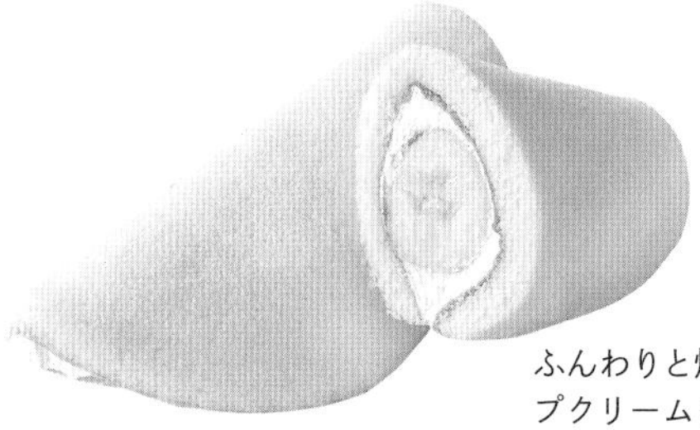

ふんわりと焼き上げたスポンジケーキで、バナナとホイップクリームを包んだ。1969（昭和44）年の誕生で、当時、バナナは栄養価の高い貴重品で高級フルーツとして人気が高く、「子どもたちを喜ばせたい」という思いで開発された。

木の葉の形のおやつパン

木の葉パン　千葉

タムラパン

木の葉の形をした銚子銘菓の『木の葉パン』。玉子パンや甘食にも似た焼き菓子で、甘くてやさしい味わいは、おやつやお茶うけにもぴったり。タムラパンでは約90年前から『木の葉パン』を製造、秘伝の味を守り続けている。

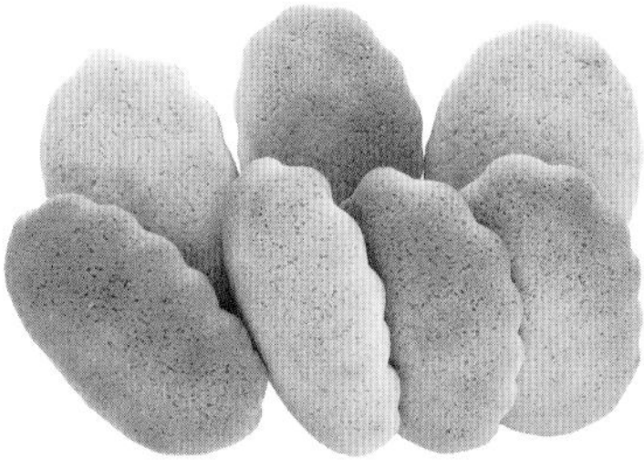

王冠を手にした庶民派ドーナツ

キングドーナツ 兵庫

丸中製菓

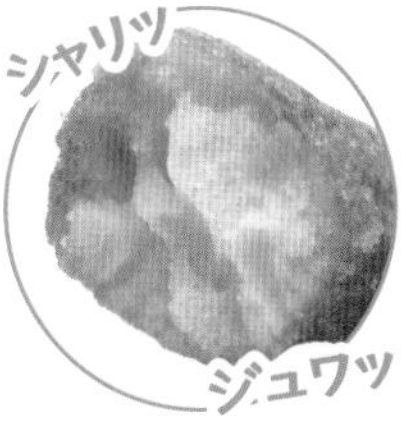

旧パッケージ

パッケージは時代とともに変化。(下)全国販売しだした頃の大容量パックのパッケージ。

1990年代前半

1990年代後半

1988(昭和63)年の発売以来、おいしく手軽に楽しめると人気の『キングドーナツ』。名前の由来は「日本一」を目指した想いから。ほんのり塩味のある甘じょっぱさと、外はシャリッ、中はしっとりとした2つの食感が特徴。

パンから自家製の本格派

ドイツラスク 愛知

若山製菓

1970年代に初登場。パンはクリームを塗る前と塗った後の2回焼き上げている。

ザクザク食感にほんのりした甘さ。手作りの感覚を大事にパンから自社生産。1本で30枚にカットできる長い状態のものを、ところてん状に型から出しながらカットし、砂糖から作る自家製クリームを手作業で塗って焼き上げる。

ふんわり食感で超ロング
愛知からフランスの香り!

ラインケーキ　愛知

よしの屋製菓

ふんわりしたカステラ生地に、やさしい甘さの真っ白な砂糖が乗る。長さに合わせた特注の鉄板で焼いている。

素朴な甘さで懐かしい味。1943(昭和18)年創業のよしの屋製菓が、創業時より製造・販売する、長さ約37.5㎝もある焼き菓子。発売当時から原材料はほぼ同じで、カットするサイズや商品名を変えて進化し、現在は『ラインケーキ』の名で定着。シンプルなおいしさは昔ながら。

旧パッケージ

発売当初は4つ切り、のちに半分にカット、だんだん面倒になり長いまま売ることになったとか。当時の商品名はカステラ風の生地にかかった砂糖を、富士山の雪に見立てて『フジカス』。

昭和18年頃～

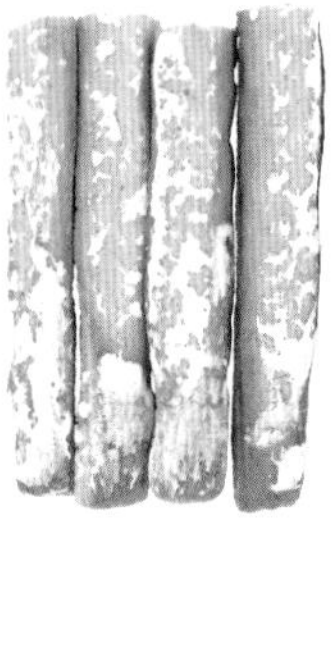

ひと昔前の凱旋門が描かれたパッケージ。この頃の商品名の頭には"ジャンボ"が付いていた。

"ジャンボ"時代に菓子博で受賞!

1977(昭和52)年、全国菓子博覧会で表彰されスマッシュヒット。知名度と人気が上昇。この当時は『ジャンボカステラ』の名前だった。

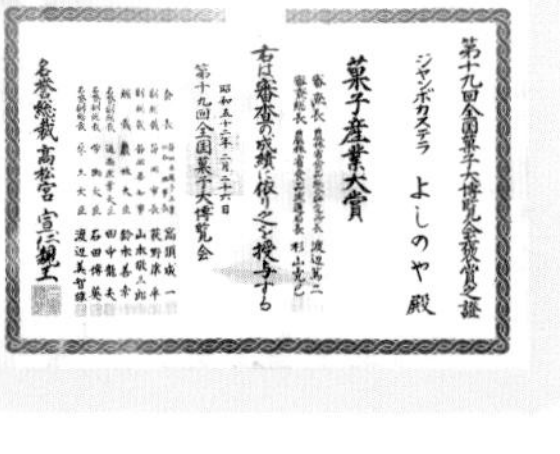

第十九回全国菓子大博覧会褒賞之證
ジャンボカステラ　よしのや殿
菓子産業大賞
右は審査の成績に依り之を授与する
昭和五十二年二月二十六日
第十九回全国菓子大博覧会
名誉総裁　高松宮宣仁親王

地元産のレモンにこだわり

レモンケーキ 広島

向栄堂

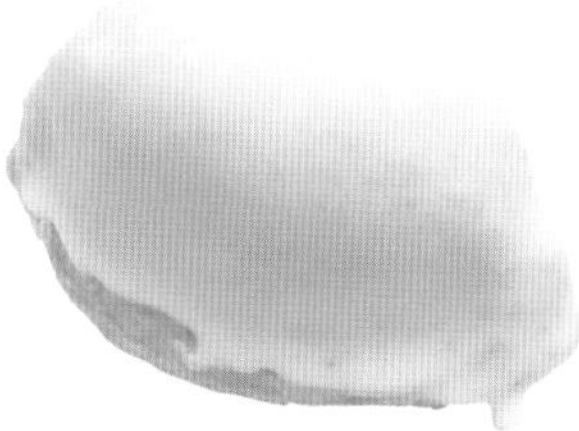

発売当初は石鹸ほどの大きさだったが、大きすぎて食べづらいとの声もあり、コンパクトに改良。黄色い包装紙はほぼ同じデザイン。

レモンチョコでコーティングした、レモン型のケーキ。1970年代後半、尾道への観光客が多かった時代に、地元の名産品を使った商品をと考案された。地元産のレモンと材料の配合にこだわり、改良を重ねて今日に至る。

「ぱん」という名のお菓子

花ぱん 群馬

小松屋

1848（嘉永元）年に誕生。当時では貴重な卵、小麦粉、砂糖で作られた素朴な味が現在に受け継がれている。

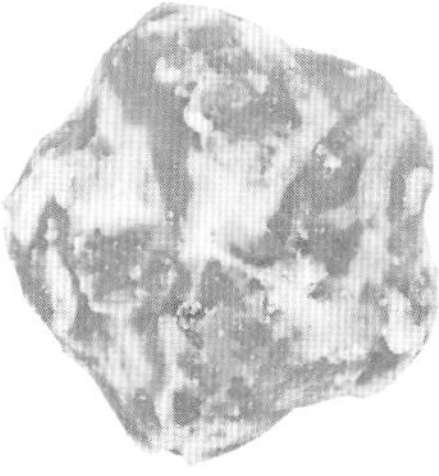

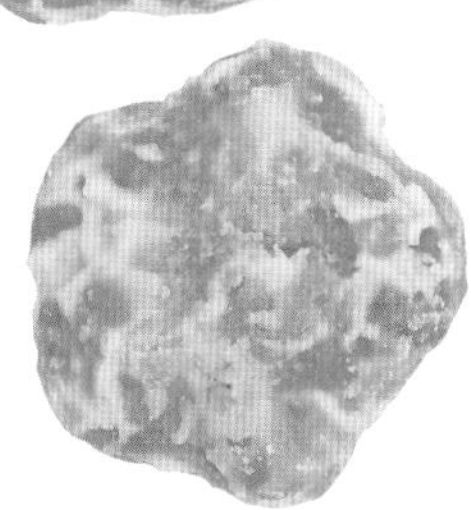

群馬県桐生市で天神さまとして親しまれる桐生天満宮の神紋・梅紋をかたどった、ぱんという名の花の形の焼き菓子『花ぱん』。ふんわりと焼き上げられた食感は、お茶によく合い、お年寄りから小さな子どもにも人気だ。

パン？ まんじゅう？
『ぱんじゅう』の歴史を探る

少し大きめのたこ焼きのような形。中にはおいしいあんこ。味や形に違いはあれど、『ぱんじゅう』という名の菓子は国内複数の地域に点在している。一方で、まったくこの言葉を聞いたことがないという人もいるだろう。その歴史を探る。

北海道　ぱんじゅう（正福屋）

今はなき札幌市の名店「田中のパンじゅう」の味を継承。北海道産の小麦粉と十勝清水産のあんを使用し、風味豊かで時間が経っても生地がかたくなりにくいのが特徴。こしあん、つぶあんのほか、クリームやチョコレート、季節限定品も人気。

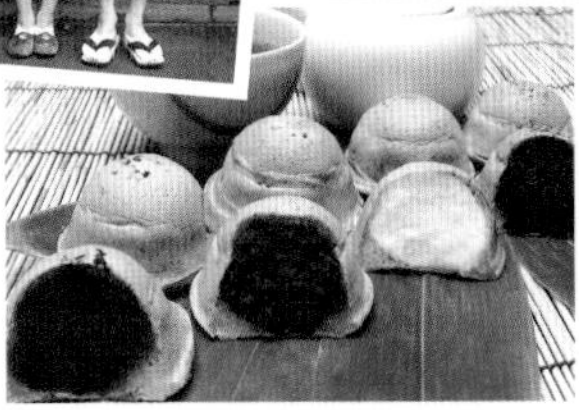

1957（昭和32）年の最盛期、小樽には16ものぱんじゅう屋が軒を連ねていた。北海道では小樽から後志、石狩、夕張、札幌など全道へと広まった。

『ぱんじゅう』と呼ばれる菓子が、日本の複数の地域で「郷土の銘菓」として愛されている。北海道小樽市、富山県富山市、栃木県足利市、三重県伊勢市などの地域だ。地元の人々はもちろん、これらの土地の『ぱんじゅう』は、土産菓子として人気。その名の由来は、パンのように焼いたまんじゅうだから『ぱんじゅう』という説と、パンとまんじゅうを合わせた言葉という説がある。

元は「今川焼き」「大判焼き」と呼ばれる焼き菓子から派生したとされ、その発祥地については諸説あるが、有力と思われるのが創業１９０１（明治34）年と最も古い、伊勢の「七越ぱんじゅう」説だ。戦前は東京にあった菓子店だが、戦後、伊勢市に移転。多くの人に親しまれるも、２０００（平成12）年に廃業している。一方で小樽の『ぱんじゅう』の歴史も古く、炭坑夫や港湾労働者たちのおやつとして広まり、大正時代の価格は12個で10銭だったという記録がある。各地のぱんじゅう店が店主の高齢化などによって数を減らす中、その味を受け継いで現在も守り続けている店舗もまた、数多く存在する。

三重　ぱんじゅう
（伊勢製菓三ツ橋）

青のりが乗り、中身はこしあんというのが正統派伊勢ぱんじゅうの特徴。さらに、生地に練り込まれた秘伝の“蜜”が、三ツ橋ならではの味わい。こしあんのほか、餅入り粒あん、伊勢茶、むらさき芋、栗、カスタードなど7種類を販売している。

生地の細かな配合は決まっておらず、職人がその日の気候や温度に合わせ毎日手作りしている。

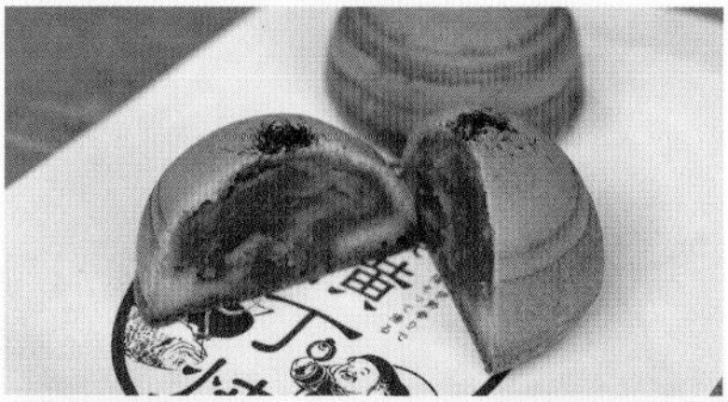

三重　横丁ぱんじゅう
（横丁焼の店）

伊勢名物などを提供する50余りの店が軒を連ねる「おかげ横丁」にある。青のりの香りが効いた生地にたっぷりのこしあんが入った素朴な味。生地は三重県産の小麦、あんは北海道産あずきを使用し、季節限定のあんも楽しめる。

伊勢市では『ぱんじゅう』のあんはこしあんと決まっており、その流れを汲んだ正統派。

富山　七越焼（七越）

1953（昭和28）年の創業当初は『七越ぱんじゅう』として売り出したが、昭和50年代に現在の『七越焼』という名に。富山のおいしい水を使い、小豆本来の風味がしっかりと出るよう熟練の職人が毎日手作りで製あんする。

上品な甘さの粒あんが入った『赤あん』のほか、北海道産てぼう豆を100%使用した『白あん』など。

創業から130年
今も引き継がれる伝統の味

元祖エイセイボーロ　京都

西村衛生ボーロ本舗

原材料は、北海道産馬鈴薯でんぷん、砂糖、水飴、卵のみ。質のいい原材料にこだわった、シンプルなおいしさ。

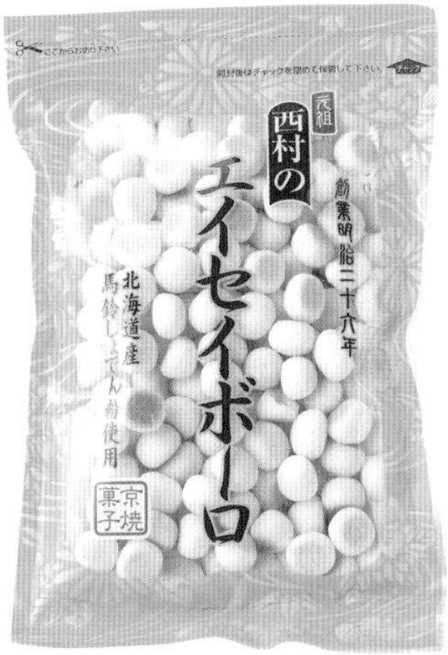

旧パッケージ

1960（昭和35）年頃まで使われていた元祖パッケージ。発売当初は石炭燃料を使い、鉄板の上で転がすように手作業で焼いていた。

やわらかくサクサクした食感に、やさしい甘さ。素朴な味で人気のロングセラー商品。1893（明治26）年創業の西村衛生ボーロ本舗。疫病が流行していた当時、刀屋を営んでいた創業者が、衛生的で消化のいいお菓子をとの思いから、その名も『衛生ボーロ』として製造・販売するようになったのがはじまり。特に京都や北陸では定番。

昭和40～50年頃のパッケージいろいろ

一斗缶入りが一般的だった1954（昭和29）年、いち早く袋入り商品を発売。それ以降もさまざまなパッケージで商品を展開してきた。

懐かしテレビCM

「西村の衛生ボーロやわ」「ウチ大好きどすねん」。1970（昭和45）年頃のテレビCMは舞妓さんを起用し、大反響を呼んだ。

北海道のオンリーワン！

ハシモトのタマゴボーロ

北海道

池田食品

ジャガイモのでんぷんを使用した『ハシモトのタマゴボーロ』は、口どけのよさが大きな特徴。1983（昭和58）年、池田食品が機械・製法・商品名もそのまま、橋本製菓（廃業）から継承。大正時代から続く伝統の味を守っている。

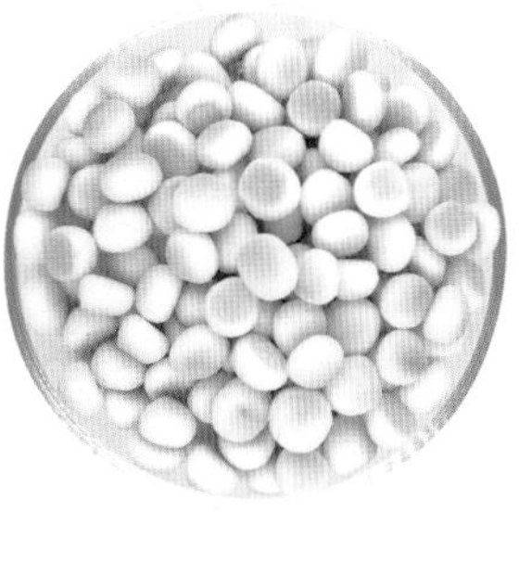

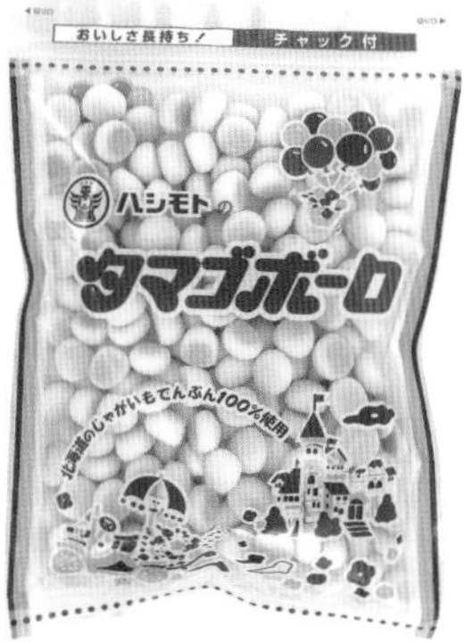

赤ちゃんにもやさしい“乳”の味

乳ボーロ

大阪

大阪前田製菓

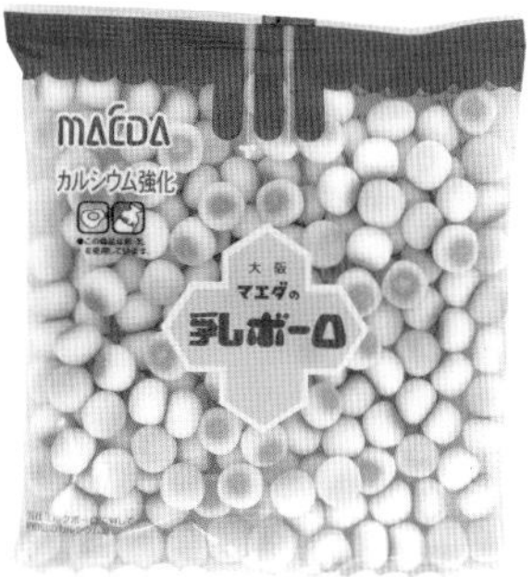

ジャガイモのでんぷん、砂糖、卵など、シンプルな原材料で製造。食べきりサイズの『ミニボーロ』なども発売。

口の中ですぐにやさしく溶ける懐かしい味。「赤ちゃんが生まれて初めて口にするお菓子は、お母さんのおっぱい（乳）と同じやさしさがあるべき」とのことから2代目社長が『乳ボーロ』と命名。昭和30年前後から発売。

関西地区のロングセラー
超個性的なビスケット!?

トランプ 静岡

三立製菓

パン生地の
サクサク食感!

サクサクとした軽い食感で、あおさの風味も香ばしい、飽きのこないおいしさ。懐かしい味わいのする醤油味の和風ビスケットだ。

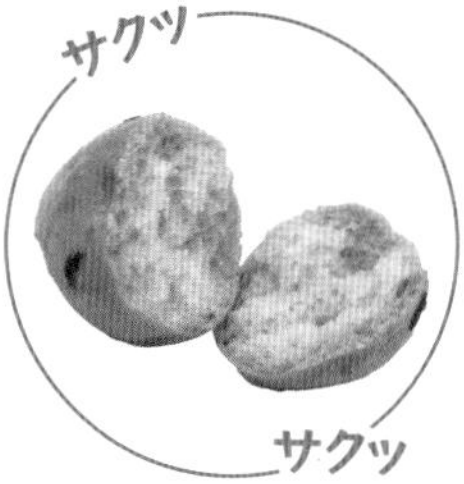

1953(昭和28)年の発売以来、関西地区ではおなじみの味『トランプ』。発売当時、関東地区で販売したところ、「豆菓子」だと勘違いする人が続出。「中に豆が入ってない」と不評だったが、関西では大人気に。それで現在も関西中心に販売されている。見た目は豆菓子風だが、実際はパン生地をカリッと焼き上げたビスケットなのだ。

旧パッケージ

(右)コピーは「心に灯をともす味」。(下)写真では見えづらいが、「お茶漬けの味」「栄養と心を豊かにするビスケット」との記載も。

昭和30年代前半

オーブンで焼き上げた
和風ビスケット!

オーブンから出たら、タレとあおさがかけられる。コロコロとかわいく勢揃いする様子から、香ばしい匂いが漂ってきそう!

うずまき模様の人気もの！

道産子ド定番うずまきかりんとう 北海道

浜塚製菓

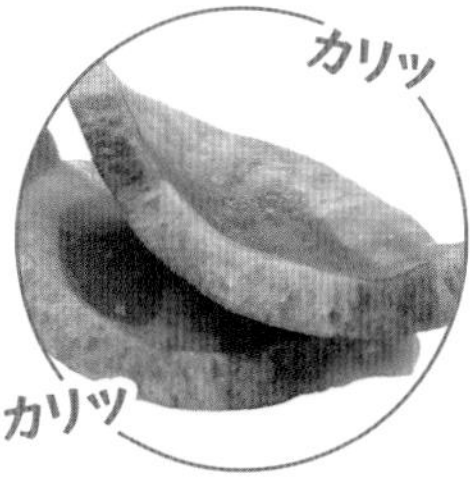

甘さ控えめの味付けで、サクサクの食感が特徴。たくさん食べられるかりんとうとして人気だ。

旧パッケージ

現在の「道産子ド定番」の文字はなく、元脇役らしくやや控えめな印象。「うずまき」をイメージしたくるくるっとしたロゴは同じ。

当初は棒状かりんとうの脇役として、棒状と混ぜられて販売。はじめは円形だったが、縄文土器の「渦巻文様」にヒントを得て現在の形に。1970（昭和45）年、「単品で食べたい」との要望を受けて単品販売すると大ヒット！

大きくて口どけサクサク

特上まころん 宮城

渡辺製菓

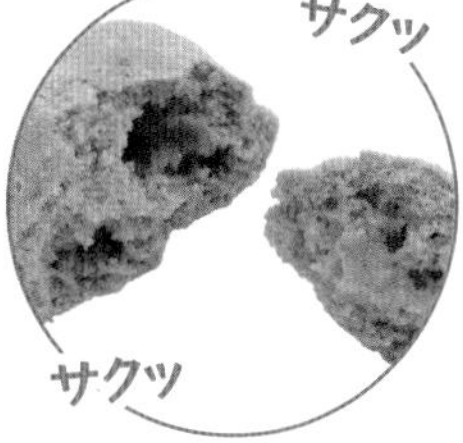

サクッとした口当たりと溶け崩れるような食感が特徴。ひと口にはやや大きめだが、一気に頬張れば口いっぱいに風味が広がる。

小麦粉は使用せず、落花生が原材料のほぼ半分と贅沢に使った渡辺製菓の『特上まころん』。鶏卵は地元産を毎日使用する分だけ仕入れるなど鮮度にこだわる。大正時代後半の発売以来、宮城県内ではおなじみの味だ。

焼かずに食べるもちもちせんべい

生せんべい **愛知**

総本家田中屋

もちもちとした歯ざわりでほのかな甘みが口に広がる、風味豊かな半生菓子。米、黒糖、上白糖、はちみつを原料とした製法は、1930（昭和5）年の創業当時から変わらず。パッケージのデザインも60～70年前から同じだ。

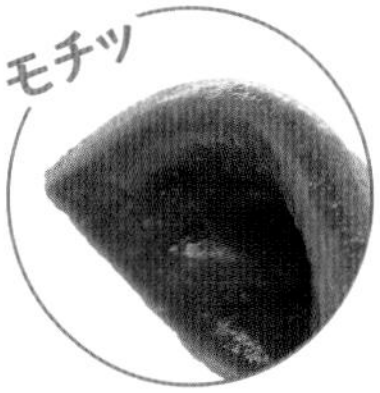

黒は黒糖、白は上白糖を使用している。昔と比べて甘みが2割ほど控えめになった。

箱に個包装で入ったタイプは贈答用にも。10年前に抹茶、2年前にゆず味が登場した。

きな粉のやさしい甘さ

寿浜 **滋賀**

近江の館

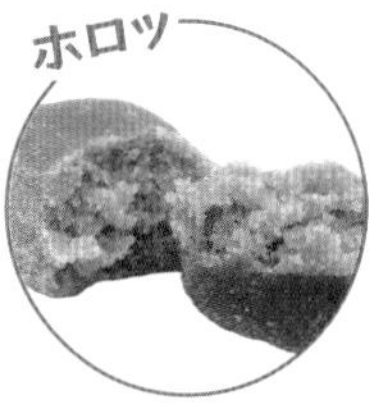

かつては棒状のまま販売されていたが、食べやすいひと口サイズにカットされている。

長浜名物のきな粉菓子。130年作り続けた菓子舗・コタケの伝統製法を直に受け継ぎ、100％滋賀県産のきな粉を使用して近江の館が復刻した。おめでたいときに使っていただきたい長浜の菓子ということで『寿浜』という名に。

見た目は葡萄、由来は武道

ぶどう饅頭 徳島

日乃出本店

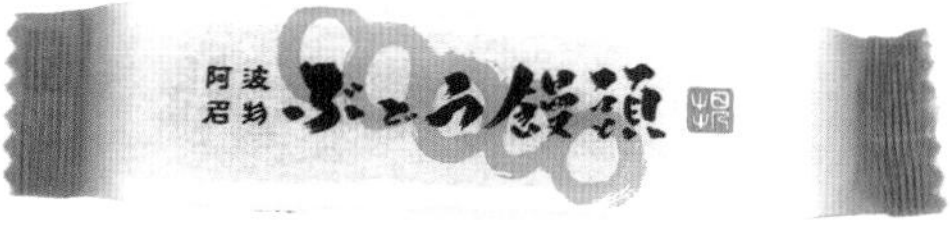

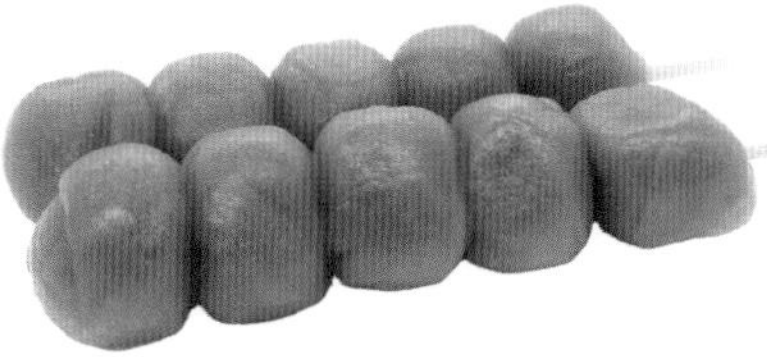

1串に5個のまんじゅうが刺してある。10年ほど前までは、「団子ではない」ということで、串の先（持ち手）は出ていなかった。

あん玉に小麦粉と馬鈴薯でんぷんをまぶして蒸し上げた、淡い葡萄色の『ぶどう饅頭』は、ミルクが練り込まれた独特の甘さが特徴。1928（大正3）年の発売以来、武道信仰の霊峰・剣山のお土産として参拝客に人気だ。

北海道産の代表的な豆菓子

旭豆 北海道

共成製菓

1袋の中に数個、深い緑色がきれいな「抹茶豆」入り。お土産用にはかわいい「立缶」も。

旧パッケージ

時代の重みを感じさせる旧パッケージ。「豆菓子之元祖」の文字も。現在は『旭豆』のほか、黒糖豆、ハッカ豆なども販売。

カリッとした食感、大豆の香ばしさにほどよい甘さの『旭豆』。1904（明治37）年、北海道で採れる大豆と甜菜（てんさい）糖を使った豆菓子として誕生した。炒った大豆を甜菜糖と小麦粉で包んだ、地場ならではのお菓子だ。

手作り製法と米油が決め手!
新潟ならではの豆の天ぷら

まめてん 新潟
大橋食品製造所

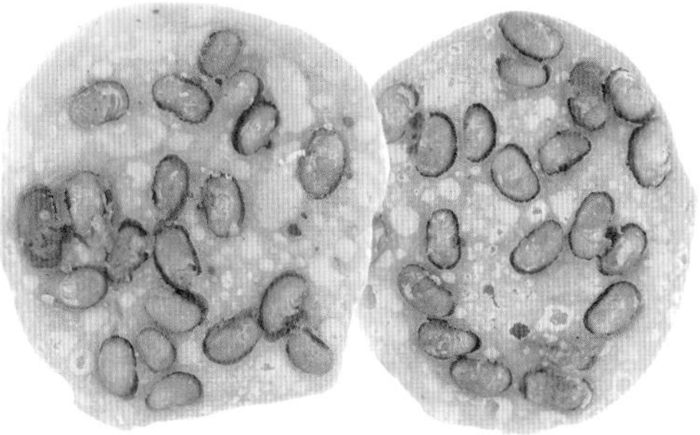

大豆がたっぷりと生地に混ぜ込まれ、サクサクの中にポリポリが混ざる噛みごたえ。鼻に抜ける米油の香りも心地よく、あと引くおいしさ。

サクサク食感で香ばしく、自然な大豆の風味が感じられる素朴な味の『まめてん』。1962(昭和37)年から販売されている、新潟県産の米粉を使った油菓子だ。型を使わず1枚ずつ手作業で焼き上げるこだわり。さらに、劣化しづらくあっさりとした風味が特徴の米油で揚げ、しっかりと油をきることで、サクサクとした食感に仕上げている。

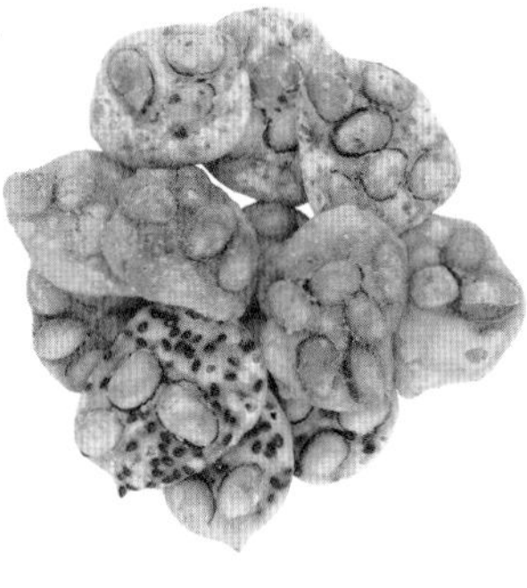

バリエーションも豊富に選べる!

ひと口サイズの『まめてん』は、カレー、チリ、黒こしょう、柚子こしょう、ごま入りなど、おつまみにもぴったりのフレーバーが7種類。

手作業ならではの不揃い感がいい!

米粉と小麦粉を合わせた生地に、大豆を混ぜ、1枚ずつ大きな鉄板の上で焼く。形も大豆の数もバラバラだが、それも魅力の一つ。

噛むほどに広がる大豆の旨味

豆つかげ 岐阜

大塚

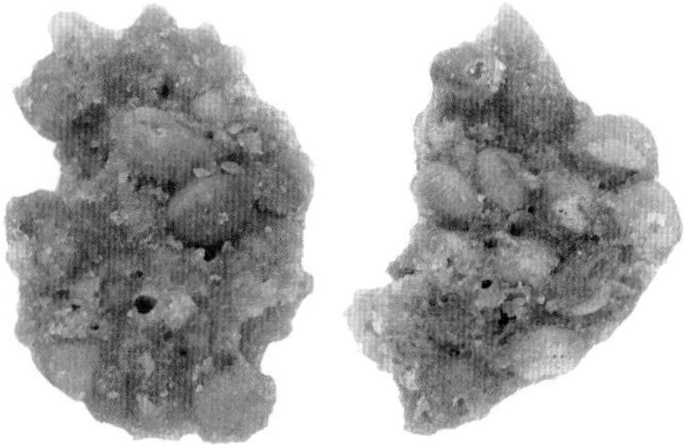

噛めば噛むほど大豆の旨味が口の中に広がる、クセになる素朴な菓子だ。岐阜県高山市、飛騨市のスーパーや土産店などで販売。

「つかげ」とは飛騨の方言で「揚げた物」という意味。大豆を醤油、砂糖で味付けし、小麦粉で衣を付け、じっくりと揚げた逸品。衣のザクザクした歯ごたえと大豆のカリカリした食感が特徴。1971（昭和46）年から手作りされている。

昔懐かしいニッキの香り

はちみつ入りニッキ寒天 岐阜

谷田商店

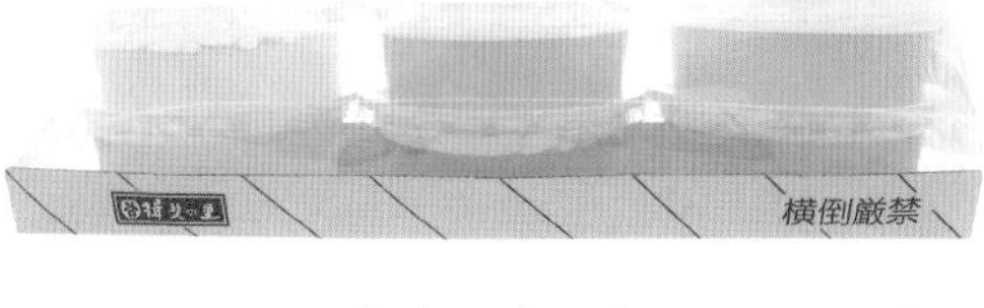

甘さを引き立てる塩はあえて使わないため、やさしい甘さ。カップのフタは、発売当初から一つずつ丁寧に手作業で閉められている。

ツルンとした喉ごしの寒天ゼリー。ニッキの爽やかさが特徴だが、香りが強く出すぎないよう、あと味に残る爽やかな風味にこだわっている。発売は1969（昭和44）年で、基本のレシピは当時のまま。昔ながらの変わらない味だ。

徳島県独特の「花嫁菓子」

池の月／ふやき　徳島

浅井製菓所

表面に砂糖が付いた甘い「花嫁菓子」。徳島では婚礼の際、花嫁が近所に挨拶をしながら練り歩き、花嫁菓子を贈る習慣がある。浅井製菓所は1952（和27）年の創業時から、この花嫁菓子の『池の月』『ふやき』を作っている。

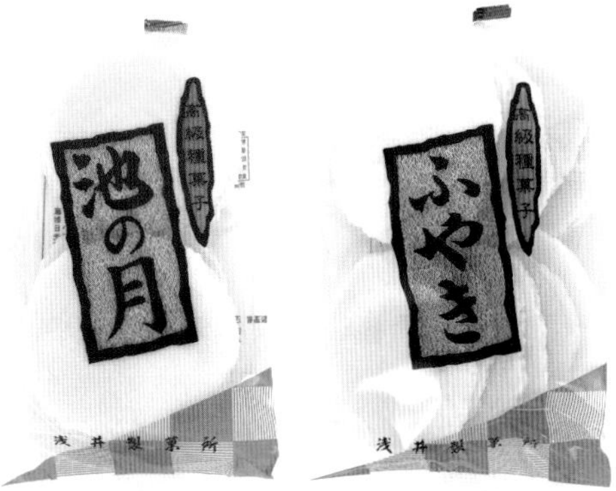

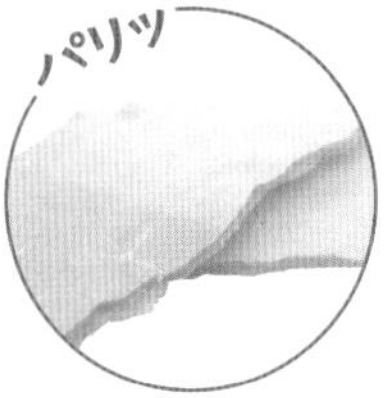

『池の月』は薄めの生地でパリッとした食感。『ふやき』は厚めでサクッとした食感。

手間と時間をかけ気持ちも込めて

もち米、砂糖で生地を作り、じっくりと焼き上げ、両側に固定した刷毛の間を通し、両面に溶いた砂糖水を付ける。すべて手作業だ。

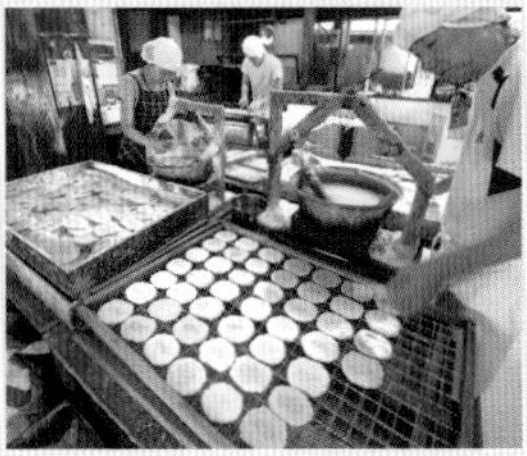

黄・白・ピンクの淡い色の焼き菓子で、表面に塗られた砂糖がキラキラと光って見える。

「くろがね＝鉄」の堅いパン！

くろがねの堅パン　福岡

スピナ

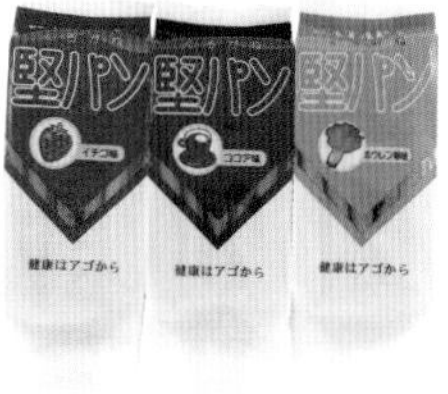

スティックタイプは、プレーン、イチゴ、ココア、ほうれん草の4つの味をラインナップ。

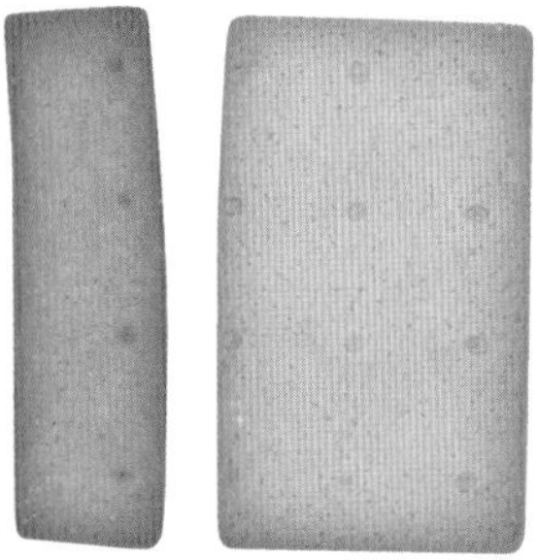

鉄のようにかたく、噛むほどに味がある『くろがねの堅パン』。かなりかたいため、コーヒーや牛乳などに浸し、やわらかくして食べるのがおすすめ。甘さも控えめなので日常のおやつとして、また非常食・保存食としても最適だ。

伊賀忍者の保存食がルーツ

かたパン 福井

だるま屋

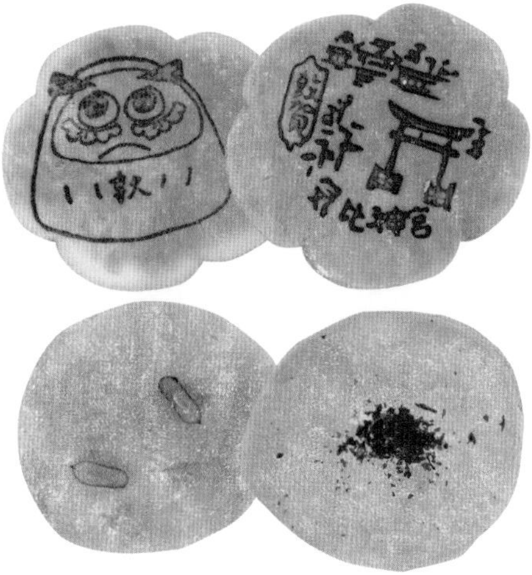

桜型をした上の2枚は「マーガリン入」で、中央には敦賀の観光名所などの焼き印も。下の2枚は「ピーナツ入」と青のりが入ったもの。

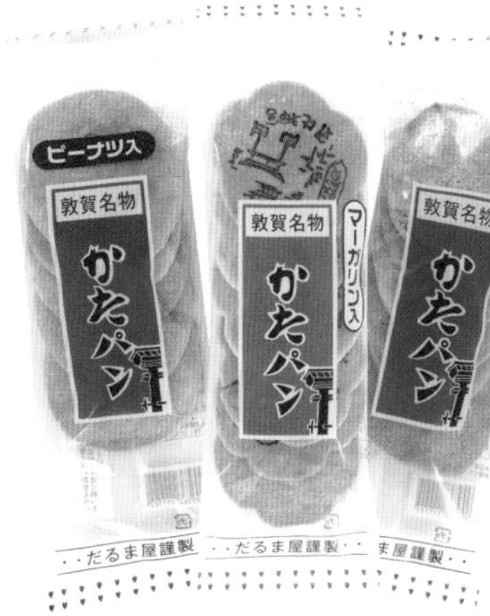

小麦粉、砂糖、塩に加え、マーガリンや落花生を加えたバリエーションもある「かたパン」。伊賀上野のかた焼きがルーツとされ、戦後間もない頃の創業時から受け継がれている。昔のままの製法で、現在も1枚1枚手焼き。

三重名物の焼き印も魅力的

焼きパン 三重

島地屋餅店

JR参宮線山田上口駅から徒歩約5分の島地屋餅店店舗。「さわ餅」や「黒ういろ」「桜もち」「草だいふく」なども人気。

明治時代には薪炭店（燃料店）だった島地屋が「焼きパン」を仕入れ販売をしていたが、製造元の廃業により、製法を受け継ぎ自社で作ることに。戦前、小学校で配られていたため、年配の方々が当時を懐かしむ声も。

懐かし味の“大人の駄菓子”

あんこ玉 **東京**

植田製菓

皮付き丸大豆が出たら
大玉がもらえる!

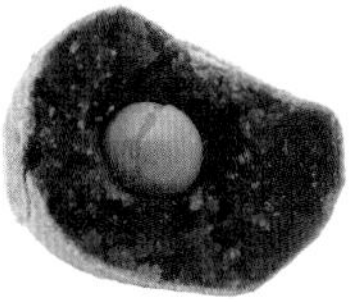

現在は“大人の駄菓子”として、大箱と小箱を特約店で販売。右の写真の大箱は、駄菓子時代におなじみの「当たり付き」。

特製の甘さを抑えたあんに、香ばしいきな粉をまぶした植田製菓の『あんこ玉』。原材料は、生あん、砂糖、水飴、きな粉、食塩のみ。かつては駄菓子屋の定番おやつだった、昔ながらの素朴で懐かしい味わいの生菓子だ。

ホットもアイスも! 年中定番のおやつ

あまがし **沖縄**

JA おきなわ

黒糖が香る!
とろりとした煮汁

沖縄名産の黒糖が香るとろりとした煮汁。JA おきなわでさとうきびから製造した黒糖が使用されている。発売は1971(昭和46)年。

金時豆や押し麦などを甘く煮た沖縄の代表的なスイーツ「沖縄ぜんざい」。その味を缶入りにした『あまがし』は、植物繊維も豊富でミネラルたっぷり。冬は温めて、夏は冷やして食べるので、缶は両面で2つの季節を表現。

昭和レトロなポップコーン

マックのシュガーコーン 高知

あぜち食品

昔ながらのバタフライポップコーンで、シュガーコーンのほんのりした甘い味が特徴。1962（昭和37）年の発売以来、小さなガス直火窯で作られている。シンプルで飾らない見た目と、食べ飽きない味わいでロングセラーに。

昭和時代に高知県の映画館で大ヒットした、伝説のポップコーンでもある。オールド世代の県民には「青春の味」。

インパクト大の長〜い麩菓子

さくら棒 静岡

栗山製麩所

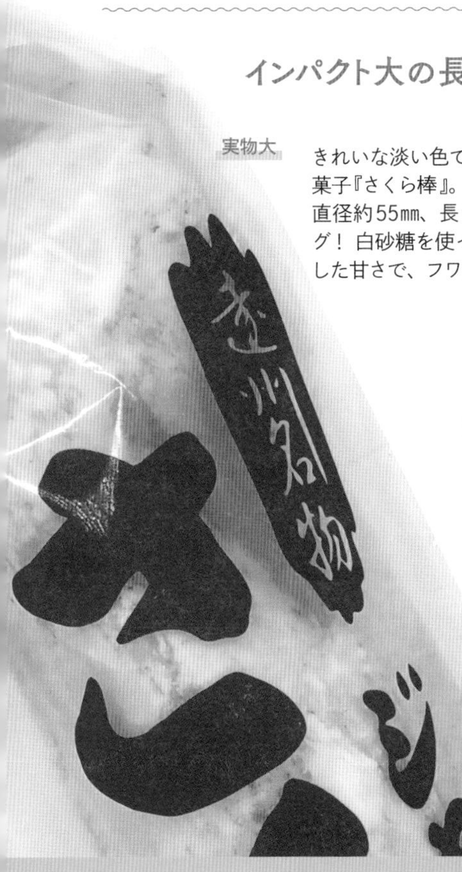

実物大

きれいな淡い色で太くて長い、静岡名物の麩菓子『さくら棒』。ピンク、緑、黄の3色があり、直径約55㎜、長さはなんと約90㎝と超ロング！ 白砂糖を使った飽きのこないスッキリとした甘さで、フワフワの食感も楽しい。

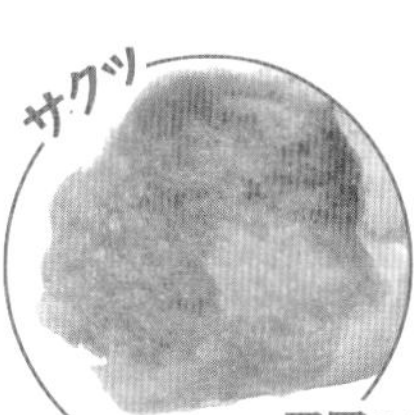

1937（昭和12）年創業の栗山製麩所が約40年前に考案。かつては縁日や花火大会の露店で売られていたが、現在はほとんどが店頭販売のみ。

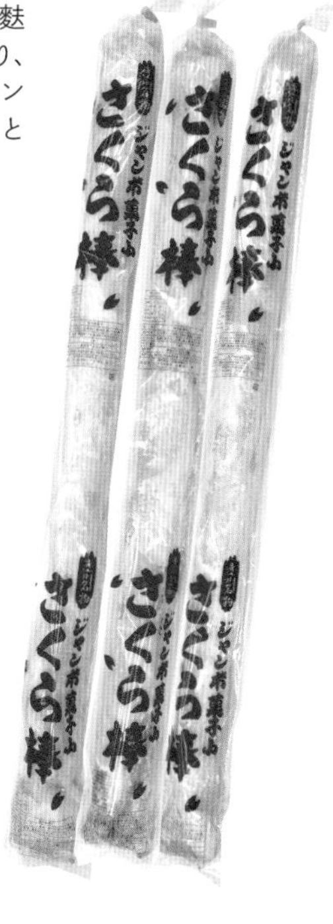

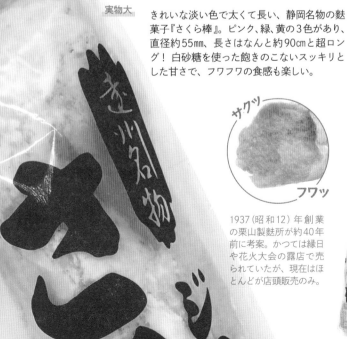

ほんのり甘くて酸っぱい！
沖縄では定番の駄菓子

スッパイマン 甘梅一番　沖縄

上間菓子店

梅独特の酸味を活かしながらも、甘酸っぱさが人気の乾燥梅干し『スッパイマン 甘梅一番』。1984（昭和59）年に上間菓子店が発売すると、子どもたちの間でたちまち人気に。今では沖縄定番の駄菓子として定着している。商品名には、世界を飛び回るヒーロー「スーパーマン」のような商品になってほしいという願いも込められている。

甘さと酸っぱさ 1粒で2つの味！

べっこう飴の中に小粒の『甘梅一番』が入った梅キャンディー。1粒で甘さと酸っぱさが楽しめる。1997（平成9）年発売。

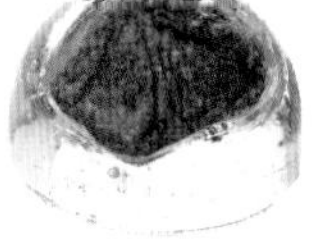

2004（平成16）年には、たねなしタイプが登場。やわらかい食感で甘い味付けの「たねなし」。パリッとした食感の「たねぬき」。

製造を始めた当初はすべてが手作業だった …！

1981（昭和56）年頃、乾燥梅の製造を開始。当初は、すべて手作業だった。味付け作業は、30分置きに樽底の梅をひっくり返して数時間味付けするという重労働。現在はほとんどの工程を機械化。

アクシデントから誕生⁉ 大根のおいしい駄菓子

さくら大根 栃木

遠藤食品

パリッ、ポリッとした食感のピンク色をした甘酢漬けの大根『さくら大根』。「漬物がおやつ！？」と驚く人もいるが、関東では定番の駄菓子だ。1957（昭和32）年頃、漬物製造会社の工場内で、たくあん漬けの切れ端が「スモモ」の調味液に落ちるというアクシデントが発生。食べてみるとおいしかったために商品化されたという。

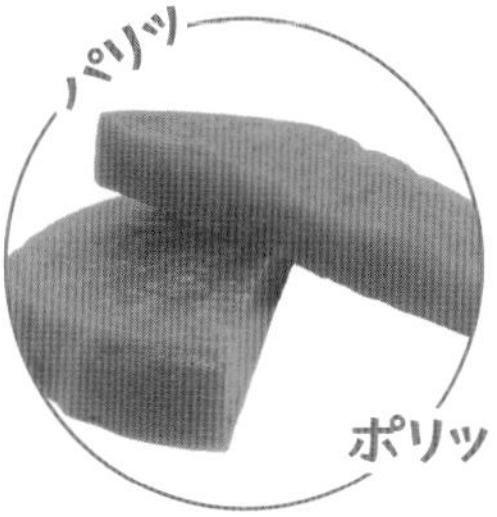

冷やしてもおいしい独特の酸味と甘み

2017（平成29）年、遠藤食品が『さくら大根』の製造会社（廃業）から事業を継承。昔からの「酸っぱいが甘い」独特の味を守っている。

旧パッケージ

2023（令和5）年1月までは、農夫のおじさんと少女。現在は、「だいちゃん」（男の子）と「さっちゃん」（女の子）にリメーク。

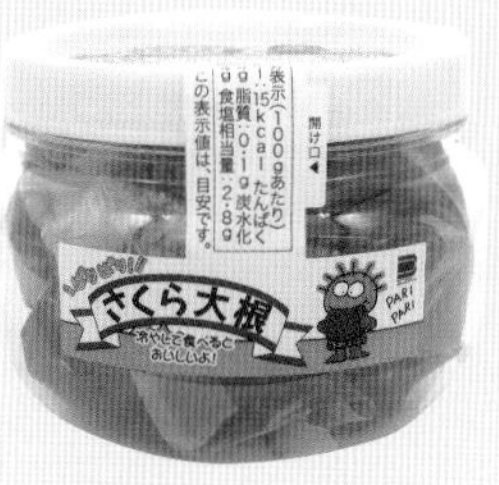

大容量パックで大人買いもできる

1袋2枚じゃ物足りないという声に応えて、180gのカップ容器入り大容量パックも販売。こちらはユニークな原始人のキャラクター。

トランプ
タマゴボーロ
大阪マエダの
乳ボーロ
瀬戸田レモン
元祖
植田のあんこ餅
敦賀名物
かたパン
登録商標
蜂蜜
生せんべい
高級種菓子
池の月

MACK
SUGAR CORN

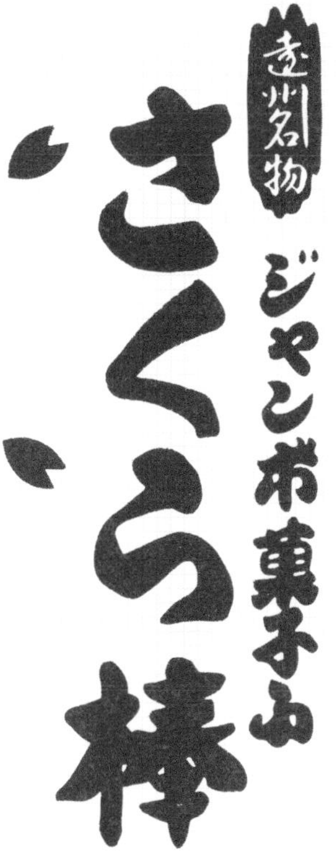
遠州名物
ジャンボ菓子ふ
さくら棒

ORIGINAL
Jumbo Cake
MILK
ラインケーキ
ハチミツ入

手づくり
飛騨の
豆つかけ

構成・編集　Plan Link
デザイン　近江聖香（Plan Link）
編集協力　小林良介
企画・進行　廣瀬祐志

ご協力頂いた皆様、並びに画像や資料等をご提供頂いたメーカー様および店舗様に心より感謝申し上げます。

本書に掲載の商品情報および企業・店舗情報は、全て取材時のものです。商品に関しては、パッケージや内容等に変更が生じる場合がある事をご了承下さい。また、掲載商品についてのお問い合わせには、弊社では一切お答えできません。

■出典（P80 ～ 85）
農林水産省 Web サイト「うちの郷土料理」（https://www.maff.go.jp/j/keikaku/syokubunka/k_ryouri/index.html）を元に加工して作成

■写真提供元（P80 ～ 85）
宮城県食生活改善推進員協議会、
『あきた郷味風土記』（秋田県農山漁村生活研究グループ協議会）、
平出美穂子、ぐんまのたべもの釣りゲーム、行田市、栃木県農業者懇談会、
越中とやま食の王国（富山県）https://shoku-toyama.jp/、
株式会社浅田クッキングスクール、岐阜の極み、（一社）明石観光協会、
雑賀弥一、『おおさかの郷土料理集～行事食と食文化の伝承』
（公益財団法人大阪府学校給食会）、
関西広域連合農林水産部事務局および京都市、株式会社吉方庵、
呉市観光振興課、萩元気食の会、日本の食文化発信サイト「SHUN GATE」、
岡山県観光連盟、土佐伝統食研究会、四国大学･髙橋啓子、愛媛菓子工業組合、
香川県農政水産部農業経営課、中村学園大学栄養科学部、
鹿児島県南薩地域振興局、（公社）長崎県栄養士会

日本ご当地おやつ大全

2023 年 4 月 25 日　初版第 1 刷発行
2023 年 8 月 25 日　初版第 2 刷発行

編者　日本懐かし大全シリーズ編集部
発行人　廣瀬和二
発行所　辰巳出版株式会社
〒 113-0033 東京都文京区本郷 1 丁目 33 番 13 号 春日町ビル 5F
TEL　03-5931-5920（代表）
FAX　03-6386-3087（販売部）
URL　http://www.TG-NET.co.jp/

印刷所　三共グラフィック株式会社
製本所　株式会社セイコーバインダリー

本書の内容に関するお問い合わせは、
メール（info@TG-NET.co.jp）にて承ります。
恐れ入りますが、お電話でのご連絡はご遠慮下さい。

定価はカバーに表示してあります。

万一にも落丁、乱丁のある場合は、送料小社負担にてお取り替えいたします。
小社販売部までご連絡下さい。

ISBN978-4-7778-2996-5